图说
山林果园散养土鸡
新技术

◎ 张 伟 主编

中国农业科学技术出版社

图书在版编目（CIP）数据

图说山林果园散养土鸡新技术 / 张伟主编 .—北京：中国
农业科学技术出版社，2015.12
ISBN 978-7-5116-2432-1

Ⅰ . ①图… Ⅱ . ①张… Ⅲ . ①鸡—饲养管理
Ⅳ . ① S831.4

中国版本图书馆 CIP 数据核字（2015）第 317067 号

责任编辑　张国锋
责任校对　贾海霞

出 版 者	中国农业科学技术出版社	
	北京市中关村南大街 12 号　邮编：100081	
电　　话	（010）82106636（编辑室）（010）82109702（发行部）	
	（010）82109709（读者服务部）	
传　　真	（010）82106631	
网　　址	http://www.castp.cn	
经 销 者	各地新华书店	
印 刷 者	北京富泰印刷有限责任公司	
开　　本	880mm×1 230mm　1 /32	
印　　张	6	
字　　数	184 千字	
版　　次	2016 年 1 月第 1 版　2017 年 2 月第 5 次印刷	
定　　价	20.00 元	

编 委 会

前　言

　　我国的地方鸡种（简称为土鸡）具有品种来源广、抗病和觅食能力强、鸡肉和鸡蛋品质好、适合散养放养等特点。近些年来，在广大农村土鸡的饲养量不断上升，规模也在不断扩大，产业化发展势头迅猛。这些变化一方面说明消费者的营养意识和食品安全意识在不断增强，另一方面说明我国地方鸡种的优势越来越得到重视，这对保护和开发利用我国优秀的地方鸡种也起到了积极的作用。随着我国土地资源越来越紧张，农村畜禽粪污对环境的污染越来越严重，人们利用分散的山林、果园有节制地放养土鸡，不仅可以减少对耕地的占用和污染、提高土地的利用率、节约饲粮；而且能够提供给消费者营养美味、生态健康的鸡产品，同时，还可提高动物福利，减少疾病的发生和药品的使用。因此，利用山林和果园来放养土鸡很好地遵循了生态循环的规律，提高了养殖户的收益，具有广阔的发展前景。

　　针对当前我国土鸡发展现状，以及养殖户渴求科学的养殖知识，作者参阅了国内外相关文献，采纳了一些养殖较好的鸡场现场照片，并结合近年来土鸡散养模式的实践经验，精心编写了本书。

　　本书采用图文并茂的形式、简明的语言从养殖户的角度出发，分别介绍了我国土鸡的饲养现状和存在的问题及解决的办法，适合各地散养的土鸡品种，山林果园散养土鸡场地的选择，鸡舍建设与设备，放养土鸡的营养需要与饲料，育雏关键技术，山林果园散养土鸡模式与放养技术，放养鸡常见疾病的防治等。本书内容新颖，技术实用，文字通俗易懂。适合生产者、推广者学习应用，也可供农业院校畜牧兽医类专业的师生阅读参考。

　　由于山林果园散养土鸡是近些年来兴起的一种养殖模式，相关行业标准尚未健全，各地的养殖环境也不尽相同，加之编者水平有限，不足和错误之处在所难免，敬请广大读者批评指正。

编者

2015 年 10 月

目 录

第四章　山林果园土鸡育雏期（圈养期）关键饲养技术

第一章
山林果园散养土鸡概述

一、我国土鸡饲养业发展概况

（一）我国土鸡饲养业发展现状

1. 品种资源丰富

我们习惯上把本地鸡称为"土鸡"，也叫草鸡。这些鸡广泛分布在我国大部分地区，由于各地区对保种的重视程度和开发力度不同，导致地区发展不均衡，有些优良的地方鸡种没有被重视，至今已经灭绝或濒临灭绝，经过大家的共同努力，大部分优良品种资源得以保存下来，并得到了产业化开发，市场前景被大家看好。

目前被列入国家级重点保护品种名录的地方鸡种有：九斤黄鸡、大骨鸡、鲁西斗鸡、吐鲁番斗鸡、西双版纳斗鸡、漳州斗鸡、白耳黄鸡、仙居鸡、北京油鸡、丝羽乌骨鸡、茶花鸡、狼山鸡、清远麻鸡、藏鸡、矮脚鸡、浦东鸡、溧阳鸡、文昌鸡、惠阳胡须鸡、河田鸡、边鸡、金阳丝毛鸡、静原鸡。我国现存数量较多、市场开发前景较好的优良地方品种有：北京油鸡、固始鸡、浦东鸡、河田鸡、清远麻鸡、崇仁麻鸡、宁都黄鸡、文昌鸡、鲁西斗鸡等。

近年来，随着黄鸡消费市场的不断扩大，育种公司和科研人员根据市场需要，结合当地品种资源特点，经过多年的不懈努力，培育成功一些配套品系，这些都是经过省级或国家级品种审定委员会审定的，其中经过国家级品种审定委员会审定的有：康达尔黄鸡128配套系、江村黄鸡JH~2号配套系、江村黄鸡JH~3号配套系、新兴黄鸡Ⅱ号配套系、京星黄鸡100配套系、新兴矮脚黄鸡配套系、岭南黄鸡

Ⅰ号配套系、岭南黄鸡Ⅱ号配套系、京星黄鸡102配套系、邵伯鸡配套系、鲁鸡1号麻鸡配套系、鲁鸡3号麻鸡配套系、文昌鸡、新兴竹丝鸡3号配套系、新兴麻鸡4号配套系、粤鸡皇2号配套系、粤鸡皇3号配套系。

2.饲养总量不断增加

土鸡生产的肉、蛋品质优良、营养丰富，市场需求前景广阔。大多数土鸡下蛋不是很多，一般一年下蛋120~150枚；产肉不高，180天才长到1.5~2kg。随着人民生活水平的提高和营养膳食结构的改善，土鸡生产的肉、蛋的需求不断增加，主要消费群体从高档餐饮业发展为家庭消费。20世纪90年代中期以来，优质土鸡养殖开始稳步发展，生产规模不断扩大，技术水平进一步提高。2000年，我国较大的肉鸡饲养大省广东省饲养肉鸡10亿多只，其中4亿多只是优质土鸡，年出口港、澳地区7 000多万只。近年来，湖南、湖北、四川、重庆的市场发展也相对成熟，表现为生产和消费水平不断地提高，这些地区的总饲养量也有5亿只左右。

3.产业化开发步伐加快

由于市场对优质土鸡的产量和品质要求不断提高，一些企业改变了原有的发展思路，开始进行规模化生产、产业化经营、现代化管理，以广东省为代表的现代化生产企业不断涌现，这些企业走出了本地发展的局限，开始全国范围的生产经营，其中以温氏集团最具代表性，经过20多年的发展，温氏集团通过"公司＋农户""产、供、销"一条龙和"科、工、贸"一体化的产业化经营模式，在全国成立了60多家一体化公司，创造了良好的经济效益和社会效益。目前我国优质肉鸡产业化开发较好的企业主要集中在华南、华东及广西壮族自治区、河南等地区，这些企业所占的市场份额很大，在行业中处于引领作用，而且经过多年的成功经营，打造出了各自的品种、品牌和优势产品。

（二）土鸡发展过程中存在的突出问题

1.行业发展缺乏整体规划

由于我国家鸡业已经进入了市场化运作时期，政府对行业的行政干预越来越少，目的是给企业提供更多更大的生存和发展空间，当发生重大疫情或市场上鸡产品供应出现重大问题以至于影响居民的生活时，国家会采取相应的扶持政策，正因如此，至今并没有关于行业发展的整体规划。目前的情况是：人们在从事土鸡生产时，并没有进行充分的市场调研和论证，看到别的企业赚钱就盲目跟风，甚至从别人那里听到一个好消息就会产生介入的冲动。归根结底，各地在发展时缺乏统一规划，对饲养总量没有明确的控制，对生产水平也没有明确的要求，行情好时大家一哄而上、行情差时又快速退出，造成市场大起大落，波动明显，浪费了大量的资金和资源，进而影响行业发展。

2.没有统一标准，造成市场混乱

目前市场上出售的土鸡、土鸡蛋以次充好、鱼龙混杂、良莠不齐的现象仍然存在，消费者也无法从感官上判定产品的优劣。这是由于缺少行业标准造成的。由于土鸡仍以活鸡消费占主导，消费者购买时对鸡的外观要求高，包括对羽色、皮肤、体型的选择。由于大家对鸡的外观要求不一致，就为市场定价带来很大难度，衡量标准难以统一，这在一定程度上影响了企业的发展。由于企业之间不能在同一平台上竞争，这对正规经营的企业是不公平的。

3.良种繁育体系不健全

优质土鸡育种大多是因地制宜，就地取材，这样虽然可以提高地方鸡种的利用率，但在种源配套上缺乏统一协调，明显表现出小区域、小规模特色，缺乏长远规划，再加上一部分企业受利益的驱使，简化育种程序，减少鸡种代次，使种鸡生产性能达不到市场要求，难以满足大规模养鸡生产的需要。目前优质土鸡育种最缺少的是像蛋鸡"曾祖代—祖代—父母代—商品代"这样代次分明的良种繁育体系，至于市场亟需的节粮、优质、高效配套新品系的培育，虽然在广东地区取得了明显效果外，在全国范围内的开发还显不足，使良种繁育体系建设明显滞后于商品鸡生产的发展。

4.散养期饲养管理水平低

农村散养土鸡缺乏放养鸡的专业知识，只是按照传统的庭院散养方式饲养管理。环境卫生条件差，不重视防疫，忽视消毒工作，易造成传染病流行；营养单一，只喂一些碎米、青菜，补料不科学，鸡只生长不均匀；日常管理不到位，兽害发生严重，放养的土鸡四处觅食，疏于管理，给其他农户的农田秧苗造成侵害。

（三）发展优质土鸡的有效措施

1. 健全良种繁育体系

我国地方鸡种资源丰富，目前全国各地建有规模、层次不一的原种场、保护场，还建有国家级地方鸡种基因库，这些保种方法适合我国的国情，可以确保育种素材的多样性。但是，保种只是一种手段，在保种的基础上如何开发利用，发挥其经济效益，是大多数保种场面临的问题。由于大部分保种场都集中在事业单位，大多带有国营性质，他们每年可以从国家获得一定数量的保种经费，对于品种开发利用的积极性并不高，这在一定程度上影响了良种的开发利用。

2. 根据市场需要，依靠科技改善优质土鸡产品品质

随着人们生活水平的提高和畜、鸡产品的丰富，消费者对肉的品质和安全性提出了更高的要求，改善畜、鸡肉品质已成为动物营养研究的又一热点。畜、鸡肉品质一般包括感官特征、营养质量和卫生质量，具体地说主要包括肉产品颜色、风味、嫩度、保健性和安全性。通过育种、营养调控进一步改善肉产品的色、香、味，使畜、鸡朝着优质高效的方向更健康的发展。

3. 企业参与制定行业标准和技术规范

由于消费者对优质土鸡肉品质和外观都有相应的要求，再加上地方鸡种类多，生长速度上又分为3种或更多类型，容易造成市场混乱，离整个行业的品牌化发展还有很长的路要走。鉴于此，行业专家和企业家可以组织制定相关标准和技术规范，如黄鸡外观标准、鸡肉品质分级标准、育种技术规范、产品加工技术规范等，先从育种生产环节规范，由此延伸到产品加工和流通市场，使优质土鸡生产的各项工作逐步进入正轨。在标准制定过程中，企业应以积极的态度参与，因为标准的出台将会为行业带来一次重新洗牌，有的企业可能受益于标准，发展壮大，有的则可能在标准的制约下被淘汰出局。对于企业

来说，能够参与标准的制定，就能在接下来的这场行业洗牌中抢占先机，不仅能对标准有一个前瞻的、透彻的了解，还能参照标准的各项具体数据，尽早发现自己企业的差距，以便迅速迎头赶上。此外，在标准的制定过程中，还有可能把企业的标准作为重要参考，企业在今后的竞争中就有了更多的制胜筹码。

4. 确立科学的饲养模式

我国广大农村零星分散的土鸡散养模式固然有肉质好、销售价格高、不需要专门的饲养管理人员和专门的资金等优点。但土鸡死亡率高，生长发育缓慢，饲养周期过长（一般需 1 年时间），生产周转慢，产品无规格，不能发展成为商品化规模饲养，不足以成为农村致富的支柱产业。而优质土鸡产业化生产，则既要考虑到土鸡本身的特征和肉质要求，又要以市场为导向，着重考虑优质土鸡的商品化、标准化、规模化等生产要求。为此，必须制定优质土鸡科学的饲养模式。实践证明，采取土鸡育雏期先进行圈养，投喂全价饲料，到生长和育肥阶段，进行放养，让其自由采食，由饲料为主食向昆虫和杂草为主食过渡，且在配合饲料的投放方面，采取清晨少喂、中午不喂、晚间多喂的饲喂制度，以充分发挥土鸡的觅食能力，节省饲料。这样既可提高成活率，降低生产成本，又可显著改善土鸡肉质，实现规模化商品生产的要求。

二、山林果园散养优质土鸡品种选择要求

随着养鸡业的不断发展和科学技术在养鸡业上的运用，人们完全可以创造条件，适应土鸡产肉、产蛋的生理需求而不受外界环境的影响。因此，鸡的品种选择对提高养鸡生产性能和经济效益显得极为重要。在选择品种时，应选养皮薄骨细、肌肉丰满、肉质鲜美、抗逆性强、体型中小型的有色羽毛的地方品种，或者含有地方血统的杂交鸡。另外，所饲养的品种要适应当地的气候环境，同时，在销售时，能够满足销售市场的需求。具体讲，在品种选择时应注意以下原则。

（一）选择质量好、信誉度高的种鸡场购雏鸡

土鸡饲养效益的好坏与所养鸡的品种有密切关系，如果鸡的品种不纯正，整齐度就差（即鸡只大小不均匀），很难取得高产。所以，从信誉度高、质量好、无传染病的正规场家选择适合当地自然条件、品种纯正、优质、健康、生长快、产肉或产蛋率高的鸡苗是养好土鸡的基础。

（二）选择适销对路的优质土鸡

随着经济条件好转，人们生活水平不断提高，沿海发达地区和大中城市的消费者越来越注重安全健康，越来越喜爱生态放养鸡，绿色健康食品成为目前消费的主流，在生态养鸡过程中应当遵循这一特点，着重选择那些能够提供优质产品的品种，符合市场的需求。例如，在蛋鸡的养殖中可选择蛋品质量好的品种，如绿壳蛋鸡（其鸡蛋含有丰富的微量元素，并且胆固醇含量低）；在肉鸡的饲养中可以选择屠体美观和肉质鲜嫩的鸡种，蛋肉兼用型可以选择固始鸡、芦花鸡等。

（三）适应性强

山林果园生态养鸡放养阶段是在林地、果园等野外，外界环境条件不稳定，如温度、气流、光照等变化大，还会遭受雷鸣闪电、大风大雨、野兽或其他动物侵袭等一些意想不到的刺激，应激因素很多，再加之管理相对粗放，所以饲养的鸡必须具有较强的抵抗力和适应能力，否则在放养时就可能出现较多的伤亡或严重影响生产性能的发挥。

（四）觅食性好

山林果园生态放养的优点在于能够改善产品品质和节约饲料资源。野外可采食的物质包括青草和昆虫等。这些物质作为饲料资源，一方面可以减少全价饲料的使用，节约资金；另一方面这些物质所含

的成分能够改善鸡产品的品质，如提高蛋黄颜色和降低产品中胆固醇含量。要充分利用这些饲料资源，鸡只必须活泼好动，觅食能力强。同时，野生的饲料资源中含有较多的植物饲料，粗纤维含量高，饲养的鸡还应具有较强的消化能力，提高粗纤维的消化利用率。

（五）生产性能高

鸡品种类型众多，通常未经系统的选育，并且各地的生态环境和养殖方式也不尽相同。因此，不仅不同品种间生产性能差异较大，而且群体内不同个体间生产性能也很不一致。由于人们重开发、轻选育，真正能够开展鸡选育的种鸡场很少。市场上种鸡来源混杂，群体整齐度较差，羽色、体貌、生产性能和体重大小不够整齐。因此，在选择品种时应注意选择体型外貌一致、生产性能较好的品种，否则会对生产造成不利影响。鸡的体重、体型大小要适中。放养鸡的选择应当以中、小型鸡为主，选择那些体重偏轻、体躯结构紧凑、体质结实、个体小而活泼好动、对环境适应能力强的品种。对于大型鸡种或引进的高产配套品种来说，体躯硕大、肥胖，行动笨拙，不适于果园、林地、荒山坡地等野外生态放养。

（六）适应放养地条件

生态放养地的种类多种多样，如林地放养、果园放养等，放养条件也有差异，也影响放养鸡的品种选择。果园、林地或山地放养要求选择腿细长，奔跑能力、觅食能力和抗病能力强，肉质好的小体型鸡（最大能长到 0.5~1.5kg）。这种鸡觅食活动能达到几百米远，身体灵活能逃避敌害生物，尽管生长慢一些，但因为成活率高，市场售价高，饲养收入要大于其他鸡种；如果饲养蛋鸡，可以选择矮小型蛋鸡、地方蛋鸡品种或蛋肉兼用型品种，因为它们适应能力强、觅食性好，产蛋潜力可以充分发挥。

三、适合放养的地方鸡品种和育成鸡品种

我国地方品种鸡的生产性能较低，体形外貌不一致，但生命力强，耐粗饲，肉香味美，皮薄细嫩，以三黄（黄皮、黄羽、黄胫）为主，兼有黑色羽和白色羽，黄皮、白皮或乌皮。随着我国优质鸡生产的不断深入和发展，各地鸡种的种质资源优势，正逐步转化为市场经济的商品优势。现将我国各地主要的优质土鸡品种作简单介绍。

（一）肉用型

1. 桃源鸡

桃源鸡是湖南省的地方鸡种，它以体型高大而驰名，故又称桃源大种鸡。

（1）产地与分布　主产区在桃源县中部。分布于沅江以北、延溪上游的三阳港、佘家坪一带，产区附近也有相当多的数量，省内以长沙、岳阳、郴州等地较为普遍。

（2）外貌特征　桃源鸡体型高大，体质结实，羽毛蓬松，体躯稍长、呈长方形。公鸡姿态雄伟，性勇猛好斗，头颈高昂，尾羽上翘，侧视呈"U"字形。母鸡体稍高，性温驯，活泼好动，背较长而平直，后躯深圆，近似方形。公鸡头部大小适中，母鸡头部清秀。单冠，冠齿7~8个，公鸡冠直立，母鸡冠倒向一侧。耳叶、肉垂鲜红，较发达。眼大微凹陷，虹彩呈金黄色。颈稍长，胸廓发育良好。尾羽长出较迅速，未长齐时尾羽呈半圆佛手状，长齐后尾羽上翘。公鸡镰羽发达，向上展开。母鸡腹部丰满。腿高，胫长而粗。公鸡体羽呈金黄色或红色，母鸡羽色有黄色和麻色两个类型。喙、胫呈青灰色，皮肤白色（图1-1）。

（3）生产性能

① 产肉性能。桃源鸡生长较慢，尤其是早期生长发育缓慢。据测定，其生长期各阶段体重见表1-1。

图1-1 桃源鸡

表1-1 桃源鸡生长期各阶段体重 g

性别	初生重	28日龄重	56日龄重	91日龄重	168日龄重
公	41.92	192.66	481.75	1093.45	2387.00
母	41.92	192.66	481.75	862.00	1833.06

据品味鉴定结果认为，桃源鸡肉质细嫩，肉味鲜美。据对24周龄鸡的屠宰测定，结果见表1-2。

表1-2 桃源鸡的屠宰测定 %

性别	半净膛屠宰率	全净膛屠宰率
公	84.90	75.90
母	82.06	73.56

② 产蛋性能。桃源鸡的开产日龄平均为195天。产蛋量较低，据观察统计，500日龄的平均产蛋量为（86.18±48.57）个。平均蛋重53.39g。蛋壳浅褐色，蛋形指数1.33。

③ 繁殖性能。公母配种比例一般为1：（10~12），种蛋受精率83.83%，受精蛋孵化率83.81%。鸡就巢性一般，每年1~2次，经15天左右醒抱复产。在放牧饲养条件下，4周龄育雏率为75.66%，育成期（5~32周龄）成活率为95.80%，产蛋期（33~72周龄）存活率为94.39%。

2. 惠阳胡须鸡

惠阳胡须鸡，又名三黄胡须鸡、龙岗鸡、龙门鸡、惠州鸡，原产于广东省惠阳地区，是我国比较突出的优良地方肉用鸡种。它以种群大、分布广、胸肌发达、早熟易肥、肉质特佳而成为我国活鸡出口量大、经济价值较高的传统商品。与杏花鸡、清远麻鸡一样被誉为广东省三大出口名产鸡之一，在港澳市场久负盛名。它因额下有张开的髯羽、状似胡须而得名。

（1）产地与分布　惠阳胡须鸡原产东江和西枝江中下游沿岸9个县，其中惠阳、博罗、紫金、龙门和惠东5个县为主产区，河源、东莞、宝安、增城次之。年饲养量达1500万只，每年国家收购达200万只以上。以惠阳县产量最高，年出口量达60万只。历年来，曾到广东引种的有福建、湖南、江西、江苏、上海、北京等近十个省、直辖市。

（2）外貌特征　惠阳胡须鸡属中型肉用品种，体质结实，头大颈粗，胸深背宽，胸肌发达，胸角一般在60°以上。后躯丰满，体躯呈葫芦瓜形。惠阳胡须鸡的标准特征为额下发达而张开的胡须状髯羽，无肉垂或仅有一些痕迹。雏鸡全身浅黄色、喙黄、脚黄（三黄）。无胫羽，额下已有明显的胡须。公鸡单冠直立，冠齿为6~8个。喙粗短而黄。虹彩橙黄色。耳叶红色。梳羽、蓑羽和镰羽金黄色而富有光泽。背部羽毛枣红色，分有主尾羽和无主尾羽两种。主尾羽多呈黄色，但也有些内侧是黑色，腹部羽色比背部稍淡。母鸡单冠直立，冠齿一般为6~8个，喙黄。眼大有神，虹彩橙黄色。耳叶红色。全身羽毛黄色，主翼羽和尾羽有些黑色。尾羽不发达。脚黄色（图1-2）。

（3）生产性能

① 产肉性能。惠阳胡须鸡初生雏平均重为31.6g，5周龄公、母平均重为250g，12周龄公鸡平均重为1140g，母鸡平均重为845g；15周龄公鸡平均重为1410g，母鸡平均重为1015g。至15周龄每千克增重耗料3.8kg。其生长最大强度出现在8~15周龄，8周龄前生长速度较慢。本品种属慢羽品种。60日龄前，羽毛生长很慢，一般要100日龄才羽毛丰满。公鸡比母鸡的羽毛生长要慢10~20天。惠

图 1-2　惠阳胡须鸡

阳胡须鸡肥育性能良好，脂肪沉积能力强。在农家放牧饲养的仔母鸡，开产前体重达 1 000~1 200g 时，再经 12~15 天笼养肥育，可净增重 350~400g。此时皮簿骨软、脂丰肉满，即可上市。据测定，其屠宰率见表 1-3。

表 1-3　惠阳胡须鸡屠宰测定结果

性别	体重（g）	半净膛屠宰率（%）	全净膛屠宰率（%）
项鸡 *	1647.0	84.8	75.6
120 日龄公	1683.0	86.6	81.2
150 日龄公	1815.0	87.5	78.7

* 项鸡，粤人特指将要开产的肥育母鸡

　　② 产蛋性能。惠阳胡须鸡的产蛋性能明显受到当地环境气温、日粮蛋白质、能量水平、饲养方式、就巢性强及腹脂多的影响。因此，即使在较好的条件下，全年平均产蛋率也仅在 28% 左右。在农家以稻谷为主、结合自由放养并以母鸡自然孵化与育雏的饲养方式下，其年平均产蛋只不过 45~55 个。在改善饲养管理条件下，平均每只母鸡年产蛋可达 108 个。

　　③ 繁殖性能。公鸡性成熟早，最早的 3 周龄会啼叫，但一般要 3 月龄才有交配行为。平均开产日龄为 150 天。据个体记录资料，最早为 115 天，最迟为 200 天。一般公母配种比例为 1:（10~12）。平均

种蛋受精率为 88.6%，受精蛋孵化率为 84.6%。

惠阳胡须鸡的就巢性特别强，据记录资料，平均每只母鸡年就巢为 14.2 次，最高达 18.5 次，每次停蛋期平均为 15.8 天。育雏率普遍在 95% 以上。

3.清远麻鸡

原产于广东省清远市清新县，又名清远走地鸡，就是家养土鸡。因母鸡背侧羽毛有细小黑色斑点，故称麻鸡。它以体型小、皮下和肌间脂肪发达、皮薄骨软而著名，素为我国活鸡出口的小型肉用鸡之一。

（1）产地与分布 清远麻鸡养殖的范围除清远以外，已分布到原产地邻近的花县、四会、佛岗等县及珠江三角洲的部分地区，上海市也曾引种饲养。

（2）外貌特征 清远麻鸡体型特征可概括为"一楔"、"二细"、"三麻身"。"一楔"指母鸡体型像楔形，前躯紧凑，后躯圆大；"二细"指头细、脚细；"三麻身""指母鸡背羽面主要有麻黄、麻棕、麻褐 3 种颜色。公鸡体质结实灵活，结构匀称，属肉用体型。出壳雏鸡背部绒羽为灰棕色，两侧各有一条约 4mm 宽的白色绒羽带，直至第一次换羽后才消失，这是清远麻鸡雏鸡的独特标志（图 1-3）。

（3）生产性能

① 产肉性能。农家饲养以放牧为主，在天然食饵较丰富的条件下，其生长较快，120 日龄公鸡体重为 1 250g，母鸡为 1 000g。但

图 1-3 清远麻鸡

一般要到 180 日龄才能达到肉鸡上市体重，而肉鸡上市饲养期长达 130~160 天。

清远麻鸡肥育性能良好，屠宰率高。6 月龄开产前的仔母鸡体重在 1 300g 以上，经 15 天肥育增重 250g。据测定，未经肥育的仔母鸡半净膛屠宰率平均为 85%，全净膛屠宰率平均为 75.5%，阉公鸡半净膛屠宰率为 83.7%，全净膛屠宰率 76.7%。肥育方法多采用暗室笼养。

② 产蛋性能。清远麻鸡在农家饲养自然孵化条件下，年产蛋为 4~5 窝，每窝为 12~15 个，少则 8~10 个，年产蛋量为 80~95 枚。蛋重平均为 46.6g，蛋壳浅褐色，蛋形指数为 1.31。

③ 繁殖性能。性成熟较早，在农家饲养条件下，公鸡 4 月龄就有性行为，母鸡 5~7 月龄开产。公鸡配种能力较强，公母配种比例为 1∶（13~15）。在农村放牧饲养的种蛋受精率在 90% 以上。用自然孵化，每窝蛋 12~15 个，孵化率为 80% 左右。人工孵化受精蛋孵化率平均为 83.6%。

清远麻鸡就巢性强，每产一窝蛋就巢 1 次，每次约 20 天，醒巢后 6~10 天才开始产蛋。如用人工催醒，可大大缩短就巢时间。农家均采用自然育雏方法，育成率一般较低，人工育雏，30 日龄育雏率达 93.6%。

4. 杏花鸡

杏花鸡具有早熟、易肥、皮下和肌间脂肪分布均匀、骨细皮薄、肌纤维韧嫩等特点。属小型肉用优质鸡种，是中国活鸡出口经济价值较高的名产鸡之一。

（1）产地与分布　杏花鸡因主产地在广东省封开县替花，建国后易名杏花乡因而得名，当地又称"米仔鸡"。杏花鸡主要分布在广东省封开县内，年饲养量达 100 万只以上。省内的怀集、德庆、郁南、新兴、肇庆、佛山、广州等地也都有饲养。近年江苏、北京等地也曾引种饲养。

（2）外貌特征　杏花鸡体质结实，结构匀称，被毛紧凑，前躯窄，后躯宽。其体型特征可概括为"两细"（头细、脚细），"三黄"、

"三短"（颈短、体躯短、脚短）。雏鸡以"三黄"为主，全身绒羽淡黄色。公鸡头大，冠大直立，冠、耳叶及肉垂鲜红色。虹彩橙黄色。羽毛黄色略带金红色，主翼羽和尾羽有黑色。脚黄色。母鸡头小，喙短而黄。单冠，冠、耳叶及肉垂红色。虹彩橙黄色。体羽黄色或浅黄色，颈基部羽多有黑斑点（称"芝麻点"），形似项链。主、副翼羽的内侧多呈黑色，尾羽多数有几根黑羽（图1-4）。

图1-4　杏花鸡

（3）生产性能

① 产肉性能。农家以放养为主，整天觅食天然食饵，只在傍晚归牧后饲以糠拌稀饭，因此，杏花鸡早期生长缓慢。在用配合饲料条件下，据测定，112日龄公鸡的平均体重为1 256.1g，母鸡的平均体重为1 032.7g。未开产的母鸡，一般养至5~6个月龄，体重达1 000~1 200g，经10~15天肥育，体重可增至1 150~1 300g。

② 产蛋性能。杏花鸡性成熟早，公鸡60日龄有20%开啼，80日龄性征明显，但一般在150日龄开始利用。母鸡在150日龄时有30%开产。在农村放养和自然孵化条件下，年产蛋量为4~5窝。共60~90个。在群养及人工催醒的条件下，年平均产蛋量为95个，蛋重为45g左右，蛋壳褐色。

③ 繁殖性能。公母配种比例，农家放养的为1∶15，种蛋受精率为90%以上；群养的为1∶（13~15），种蛋受精率为90.8%，受精蛋孵化率为74%。杏花鸡就巢性强。30日龄的育雏率在90%。

5. 丝毛乌骨鸡

我国的乌鸡品种虽然众多，但最著名的还是丝毛乌骨鸡。丝毛乌骨鸡两广称为竹丝鸡、江西称为泰和乌鸡，福建称为白绒鸡，是我国特有国家保护品种，1874年被列为国际标准品种。

（1）产地与分布 丝毛乌骨鸡是江西省泰和县特产，原产于泰和县武山北麓，根据产地又称武山鸡。

（2）外貌特征 泰和乌鸡的十大特征：丝毛，全身披白色丝状绒毛；缨头，头的顶端有一撮白色直立细绒毛，公鸡尤为明显；丛冠，素有凤冠之称，公鸡多为玫瑰冠形，母鸡多为草莓冠及桑椹冠形；绿耳，耳呈孔雀蓝色；胡须，下颌长有较长的细毛，形似胡须；毛腿，两腿蹠部外侧长有丛状绒羽，多少不等，俗称裙裤；五爪，两只脚各有五爪；乌皮，全身皮肤、眼、嘴、爪均为黑色；乌骨，骨质及骨髓为浅黑色，骨表层的骨膜为黑色；乌肉，全身肌肉、内脏及腹内脂肪均呈黑色，胸肌和腿肌肤色为浅黑色。

丝毛乌鸡是中国特有的鸡类种质资源，除西藏自治区外，各地都有一定规模的泰和乌鸡饲养。而泰和乌鸡质弱体轻，胆小怕惊，喜走善动，就巢性强，繁殖能力较低。离开原产地饲养，便易产生变异、退化（图1-5）。

图1-5 丝毛乌骨鸡

（3）生产性能

① 产肉性能。丝毛乌骨鸡的生长速度、蛋重和饲料营养水平密切相关，江西产区测得不同日龄的平均增重见表1-4。

表1-4　　丝毛乌骨鸡的生长期各阶段的体重

g

性别	初生重	30日龄重	60日龄重	150日龄重
公	27.0	131.6	307.0	913.8
母	26.6	118.8	258.4	851.4

② 产蛋性能。开产日龄一般为170~205天，年产蛋为75~150枚，蛋重为37.56~46.85g。

③ 繁殖性能。公母配种比例为1：（15~17），种蛋受精率为87%~89%，受精蛋孵化率为75%~86%。60日龄育雏率为78%~94%。

6.文昌鸡

文昌鸡是广东八大优良鸡种。传统文昌鸡的外型总括为"三小两短"，即头小、颈小、脚小、颈短、脚短。文昌鸡的饲养与一般鸡种最主要的分别在于当地人就地取材，使用椰子来喂鸡。

（1）产地与分布　海南省文昌市。

（2）外貌特征　文昌鸡历史悠久，属优良肉用型品种。它具有行动敏捷、适应性强、耐热耐粗饲料等特性，并具有肉质鲜嫩、肉味馥香、皮薄骨酥、营养丰富等特点，血统来源基本相同，属肉用型地方良种鸡。母鸡体型中等，具有头小、颈小、脚小称"三小"；颈短、脚短和脚呈三角形的特征；外貌冠小，单冠直立，喙弯短，羽毛贴身，呈黄褐色或背部有浅麻；公鸡体态雄伟，羽毛贴身，体羽枣红色，有光泽，颈部有金黄色环状羽毛带。主、副翼蓝黑色间有枣红色。主尾羽蓝黑色，镰刀状。体长、胸骨、龙骨、胫头均比母鸡大且长（图1-6）。

图1-6 海南文昌鸡

（3）生产性能　母鸡120日龄体重1.3~1.6kg；上笼育肥30~60天，体重1.40~1.75kg。公鸡200日龄（在25~75日龄进行阉割，前150天牧养，后50天笼养）左右的阉鸡，体重2.85~3.0kg。

7. 溧阳鸡

溧阳鸡属肉用型品种。体型较大，体躯呈方形，羽毛以及喙和脚的颜色多呈黄色。但麻黄、麻栗色者亦甚多。

（1）产地与分布　溧阳鸡是江苏省西南丘陵山区的著名鸡种，当地亦以"三黄鸡"或"九斤黄"称之。溧阳鸡的中心产区是在溧阳市的西南丘陵山区，以茶亭、戴埠、社渚等地最多，其中以茶亭莘塘的大鸡最为有名，分布于中心产区周围地带。

（2）外貌特征　雏鸡以快生羽为主。出壳毛色呈米黄色，部分常有条状黑色的绒羽带。公鸡单冠直立，冠齿一般为5个，齿刻深。耳叶、肉垂较大，均鲜红色。羽色为黄色或橘黄色，主翼羽有黑与半黄半黑之分，副翼羽黄色或半黑，主尾羽黑色，胸羽、梳羽、蓑羽金黄色或橘黄色，有的羽毛有黑镶边。母鸡单冠有直立与倒冠之分。眼大，虹彩呈橘红色。全身羽毛平贴体躯，翼羽紧贴，羽毛绝大部分呈草黄色，有少数呈黄麻色（图1-7）。

图1-7　溧阳鸡

（3）生产性能

① 产肉性能。成年体重：公鸡为3 850g，母鸡为2 600g。屠宰测定：公鸡半净膛为87.5%，全净膛为79.3%；母鸡半净膛为85.4%，全净膛为72.9%。

② 产蛋性能。据对147只母鸡统计，平均开产日龄为（243±39）天，300日龄产蛋量为（39±2.7）个，500日龄产蛋量为（145.4±25）个。蛋重为（57.2±4.9）g，蛋壳褐色。

③ 繁殖性能。公母配种比例为1∶13，种蛋受精率为95.3%。受精蛋孵化率为85.6%。溧阳鸡就巢性较强，据统计，202只母鸡养至500日龄，就巢53只，占26.24%。一般就巢鸡如不让它就巢，每次10天左右即醒抱。5周龄育雏率为96%。

8. 河田鸡

河田鸡是经过长期人工选择形成的一个地方品种，以稻谷、玉米等粗粮为主要食物，适合在果园、竹山、松林等纯天然的环境中放养，是《中国家鸡品种志》收录的全国八个肉鸡地方品种之一。河田鸡含蛋白质多，脂肪适宜，肉质细嫩、皮薄骨细、肉汤清甜。

（1）产地与分布　河田鸡，又名长汀河田鸡，因主产于福建长汀县河田镇而得名，是福建省传统家鸡良种，分布在闽南龙岩、漳平、永定等县。

（2）外貌特征　河田鸡完全符合优质黄羽肉鸡的特点，其体形有大小类型之分。全身羽毛皮肤与胫部均黄色，羽毛以浅黄色为主，尾羽与镰羽为闪亮的黑色，镰羽很短，主翼羽为镶有金边的黑色，喙的基色为褐色而喙尖则浅黄。头部清秀，颈较短粗，腹部满，胫长适中，体形略呈方形。河田鸡的冠型甚为特殊，为单冠直立后分叉。这种分叉的冠型自雏鸡孵出时就已形成，遗传性稳定，在其他鸡种中是没有的（图1-8）。

图1-8 河田鸡

（3）生产性能

①产肉性能。生长速度：据福建省农科院畜牧兽医研究所测定，河田鸡生长期各阶段体重见表1-5。

表1-5 河田鸡生长期各阶段体重　　　　　　　　　g

性别	初生	30日龄	60日龄	90日龄	120日龄	150日龄
公	30.7	111.6	326.1	588.6	941.7	1294.8
母	29.6	91.4	242.6	488.3	788.4	1093.7

②产蛋性能。母鸡180日龄左右开产，年产蛋量100个左右，蛋重为43g，蛋壳以浅褐色为主，少数灰白色。

③繁殖性能。公母配种比例为1:（10~15），种蛋受精率90%，入孵蛋孵化率为67.75%。

（二）蛋用型

1. 绿壳蛋鸡

绿壳蛋鸡是世界上稀有的鸡品种，绿色壳是一个稀有质量性状，主要是由染色体显性绿壳基因控制的，据报道全世界只有我国和智利拥有。我国的地方品种中江西的东乡黑鸡，湖北的麻城绿壳蛋鸡都产绿壳蛋，四川的旧院黑鸡群体中约 5% 的鸡产绿壳蛋，河南的卢氏鸡群体中约有 4% 个体产绿壳蛋，以上鸡种都是绿壳蛋的优良育种素材。

（1）产地与分布　江西的东乡黑羽绿壳蛋鸡原产于江西省东乡县，因产绿壳蛋而得名，其特征为五黑一绿，即黑毛、黑皮、黑肉、黑骨、黑内脏，更为奇特的是所产蛋绿色，集天然黑色食品和绿色食品为一体，是世界罕见的珍鸡极品。该鸡种抗病力强，适应性广，喜食青草菜叶，饲养管理、防疫灭病和普通家鸡没有区别。

（2）外貌特征　东乡绿壳蛋鸡羽毛黑色，喙、冠、皮、肉、骨趾均为乌黑色。母鸡单冠，头清秀。公鸡单冠，呈暗紫色，体型呈菱形。少数个体羽色为白、麻或者黄色。绿壳蛋鸡体形较小，结实紧凑，行动敏捷，匀称秀丽，性成熟较早，产蛋量较高（图 1-9）。

图 1-9　绿壳蛋鸡

（3）生产性能

① 产肉性能。初生 33g，30 日龄 128g，60 日龄 394g，90 日龄

562g，成年公鸡1650g，母鸡1300g。屠宰测定，成年鸡平均半净膛屠宰率：公鸡为78.40%，母鸡为81.75%；成年鸡全净膛屠宰率：公鸡为71.25%，母鸡64.50%。

② 产蛋性能。绿壳蛋鸡母鸡平均开产日龄170~180天。500日龄平均产蛋152个，平均蛋重50g。平均蛋壳厚度0.35mm，平均蛋形指数1.33。蛋壳绿色。

③ 繁殖性能。公鸡性成熟期120天。公母鸡配种比例1∶12，平均种蛋受精率90%以上，平均受精蛋孵化率90%以上。

2. 仙居鸡

（1）产地与分布 仙居鸡又称梅林鸡，是浙江省优良的小型蛋用地方鸡种。主要产区在浙江省仙居县及邻近临海、天台、黄岩等县，分布于省内东南部。

（2）外貌特征 全身羽毛紧密贴体，外型结构紧凑，体态匀称，头昂胸挺，尾羽高翘，背平直，骨骼纤细，反应敏捷，易受惊吓，善飞跃，具有蛋用鸡的体型和神经类型的特点（图1-10）。

图1-10 仙居鸡

（3）生产性能

① 产肉性能。生长速度：仙居鸡生长速度中等、但个体小，又属早熟品种，故180日龄时，公鸡体重为1256g，母鸡体重为953g，接近成年鸡的体重。

屠宰率：仙居鸡虽属蛋用型的地方鸡种，产肉性能非其所长，但其屠宰率、肉质、肉味仍是较好的。

② 产蛋性能。开产日龄：一般农家饲养的母鸡开产日龄约180天，但在饲养场及农家饲养条件较好的情况下，约150日龄开产，甚至有更早者。因此，仙居鸡是较早熟的地方鸡种，但过早开产往往蛋重较轻。

产蛋量：在一般饲养管理条件下，年产蛋量为160~180个，高者可达200个以上。

蛋的品质：仙居鸡平均蛋重为42g左右。壳色以浅褐色为主。蛋形指数为1.36。

③ 繁殖性能。繁殖力：因体小而灵活，配种能力较强，可按公母1：（16~20）配种。据对入孵17180个种蛋的测定，受精率为94.3%，受精蛋孵化率为83.5%。

就巢性：就巢性较弱。一般就巢母鸡占鸡群10%~20%，多发生在4~5月；江苏省家鸡科学研究所选育的鸡群，就巢率已降至5%以下。

成活率：育雏率较高，1月龄育雏成活率为96.5%。

3.芦花鸡

芦花鸡是优质鸡，原产山东汶上县，该品种全身羽毛均为黑白相间、宽窄一致的斑纹，羽毛紧覆全身各部，显得清秀美观；芦花鸡耐粗抗病，适应性好，觅食力强，产蛋较多，肉质好，味道鲜美，深受当地群众喜爱。

（1）产地与分布　芦花鸡原产于汶上县的汶河两岸故为汶上芦花鸡，另与汶上县相邻地区也有分布。但随外来鸡种的推广，产区芦花鸡的数量已占很小的比例。因此，汶上芦花鸡品种资源保护的形势非常严峻。

（2）外貌特征　芦花鸡体型一致，特点是颈部挺立，稍显高昂。前躯稍窄，背长而平直，后躯宽而丰满，腿较长，尾羽高翘，体形呈元宝状。横斑羽是该鸡外貌的基本特征，全身大部分羽毛呈黑白相间、宽窄一致的斑纹状（图1-11）。

图1-11　芦花鸡

（3）生产性能

①产肉性能。成年公、母鸡体重分别为1.40kg、1.26kg。体斜长分别为：16.4cm和17.8cm。雏鸡生长速度受饲养条件、育雏季节不同有一定差异。到4月龄公鸡平均体重1180g，母鸡920g。羽毛生长较慢，一般到6月龄才能全部换为成年羽。公母鸡全净膛率为71.21%和68.9%。

②产蛋性能。在农村一般饲养条件下，年产蛋130~150个，在较好的饲养条件下产蛋较多，年产蛋180~200个。蛋壳颜色多为粉红色，少数为白色，蛋重50~60g。

③繁殖性能。性成熟期为150~180天，公母比例1:（12~15），种鸡受精率90%以上。就巢性母鸡占3%~5%，持续20天左右。成年鸡换羽时间一般在每年的9月份以后，换羽持续时间不等，高产个体在换羽期仍可产蛋。

（三）兼用型

1. 浦东鸡

浦东鸡，产于上海，俗名九斤黄。因其成年公鸡可长到9斤（1斤=0.5kg）以上，故有"九斤黄"之称，也是上海本地唯一的土鸡品种，属蛋肉兼用型鸡种。浦东鸡的肉质鲜美，蛋白质含量高，营养丰富，用于白斩、红烧、炒丁、清蒸、炒酱等，均为上乘。浦东鸡的公鸡体重可达4kg以上，是上海老饭店名菜"鸡骨酱"的主要原料。母鸡体重可达3kg以上，用以清炖，是滋补佳品。炖熟后，鸡身滚瓜流油，光亮润泽，肉酥汤清，香气扑鼻，味美可口。

（1）产地与分布　浦东鸡产于上海市原南汇、奉贤、川沙等县沿海，以南汇县的泥城、彭镇、书院、万象、老港等地乡镇饲养的鸡种为最佳。

（2）外貌特征　体型较大，呈三角形，偏重产肉。喙短而稍弯，基部粗壮、黄色，上喙端部褐色。冠、肉髯、耳叶均呈红色，肉垂薄而小。单冠，冠齿多为7个。虹彩黄色或金黄色，皮肤黄色（图1-12）。

图1-12　浦东鸡

（3）生产性能

① 产肉性能。浦东鸡成年公鸡体重、体斜长、胸深、胫长分别为：3 550g，21.25cm，14.97cm，14.22cm，成年母鸡分别为：2 840g，18.36cm，13.37cm，12.37cm，11.72cm。360日龄屠宰率：半净膛，公85.11%，母84.76%；全净膛，公85.11%，母84.76%。

② 产蛋性能。浦东鸡平均开产日龄为208天，最早为150天，最迟为294天。年产蛋量平均为130个，最高为216个，最低为86个。3~5月份产蛋较多，约占全年产蛋的40%。平均蛋重为57.9g。蛋壳浅褐色，壳质致密，结构良好。

③ 繁殖性能。大群饲养的公母鸡配种比例1：10；春秋繁殖季节，小群短期配种比例为1：17。大群种蛋受精率平均为93.2%，最

高在 3 月份，可达 96%。受精蛋孵化率平均为 82.7%。就巢性强。一般就巢持续约为 15 天，短的为 7 天，长的可达 30 天。

2. 北京油鸡

北京油鸡是北京地区特有的地方优良品种，距今已有 300 余年。北京油鸡是一个优良的肉蛋兼用型地方鸡种，以外貌独特、肉味鲜美、蛋质佳良而著称，曾为清朝皇宫御膳用鸡，溥杰题词"中华宫廷黄鸡"。1949 年被列为"开国第一宴"国宴用鸡，现为国家级重点保护品种和北京市特需农产品。

（1）产地与分布　原产地在北京城北侧安定门和德胜门外的近郊一带，以朝阳区所属的大屯和洼里两个乡最为集中。其邻近地区，如海淀、清河等也有一定数量的分布。

（2）外貌特征　北京油鸡体躯中等，羽色美观，主要为赤褐色和黄色羽色。赤褐色者体型较小，黄色者体型大。雏鸡绒毛呈淡黄或土黄色。冠羽、胫羽、髯羽也很明显，很惹人喜爱。成年鸡羽毛厚而蓬松。公鸡羽毛色泽鲜艳光亮，头部高昂，尾羽多为黑色。母鸡头、尾微翘，胫略短，体态敦实。北京油鸡羽毛较其他鸡种特殊，具有冠羽和胫羽，有的个体还有趾羽。不少个体下颌或颊部有髯须，故称为"三羽"（凤头、毛腿和胡子嘴），这就是北京油鸡的主要外貌特征（图 1-13）。

图 1-13　北京油鸡

（3）生产性能

① 产肉性能。北京油鸡初生重为 38.4g，4 周龄重为 220g，8 周

龄重为549.1g，12周龄重为959.7g，16周龄重为1 228.7g，20周龄的公鸡为1 500g、母鸡为1 200g。

② 产蛋性能。年产蛋量120枚，蛋重54g，蛋壳颜色为淡褐色，部分个体有抱窝性。

③ 繁殖性能。北京油鸡开产日龄170天，种蛋受精率95%，受精蛋孵化率90%，雏鸡成活率97%。

3. 寿光鸡

"寿光鸡"肉质鲜嫩，营养丰富，在市场上，以高出普通鸡2~3倍的价格，成为高档宾馆、酒店、全鸡店和婚宴上的抢手货。

（1）产地与分布 寿光鸡原产于山东省寿光县稻田乡一带，以慈家村、伦家村饲养的鸡最好，所以又称慈伦鸡。该鸡的特点是体型硕大、蛋大，属肉蛋兼用的优良地方鸡种。

（2）外貌特征 寿光鸡体型分大、中两种。大型鸡外貌雄伟、体躯高大、骨骼粗壮、体长胸深、胸部发达、胫高而粗、体型近似方型。成年鸡全身羽毛黑色，颈背面、前胸、背、鞍、腰、肩、翼羽、镰羽等呈深黑色，并闪绿色光泽。其他部位色较淡，呈淡黑色。头多为平头。大型鸡头较大，眼大稍凹陷。中型鸡头中等，脸清秀。公鸡单冠，大而直立；母鸡冠有大小之分。冠、肉垂、耳叶、脸部均呈红色，皮肤白色（图1-14）。

图1-14 寿光鸡

（3）生产性能

① 产肉性能。雏鸡早期的增重和长羽速度均较慢，特别是大型

寿光鸡，是典型的慢羽鸡，常有背羽稀疏和秃尾等现象，约 40 日龄之后生长速度加快。据测定，公鸡半净膛率 82.5%，全净膛率 77.1%，母鸡半净膛率 85.4%，全净膛率 80.7%。

② 产蛋性能。开产日龄大型鸡 240 天以上，中型鸡 145 天，产蛋量大型鸡年产蛋 117.5 枚、中型鸡 122.5 枚，大型鸡蛋重为 65~75g，中型鸡为 60g。蛋形指数大型鸡为 1.32，中型鸡为 1.31，蛋壳厚大型鸡 0.36mm，中型鸡 0.358mm。壳色褐色，蛋壳厚度为 0.36mm，蛋型指数为 1.32。

4. 狼山鸡

狼山鸡是蛋肉兼用型鸡种之一。以产蛋多、蛋体大、体肥健壮、肉质鲜美而著称。按毛色分黑、白两种。

（1）产地与分布　狼山鸡是我国古老的优良地方品种，并在世界家鸡品种中负有盛名。狼山鸡原产于江苏省如东县境内，以马塘、岔河为中心，旁及掘港、拼茶、丰利及双甸，通州区的石港镇等地也有分布。该鸡集散地为长江北岸的南通港，港口附近有一游览胜地，称为狼山，从而得名。

（2）外貌特征　按羽毛颜色可分为纯黑、黄色和白色三种，其中黑鸡最多，黄鸡次之，白鸡最少，而杂毛鸡甚为少见。每种颜色按头部羽冠和胫趾部羽毛的有无分为光头光脚、光头毛脚、凤头毛脚和凤头光脚四个类型。黑色的称之为"狼山黑"（图 1-15），羽毛黑而发绿、发蓝，熠熠生辉，色彩绚丽。"狼山黑"中有一品种头冠后有一蓬毛，又称作"狼山凤"，如东人称之为"蓬头鸡"。白色的叫"狼山

图 1-15　狼山鸡

白"，"狼山白"数量极少，其羽毛洁白无瑕，配以鲜红的鸡冠，红白分明，赏心悦目。

（3）生产性能　500日龄成年体重公鸡为2 840g，母鸡为2 283g。6.5月龄屠宰测定：公鸡半净膛为82.8%左右，全净膛为76%左右，母鸡半净膛为80%，全净膛为69%。年产蛋135~175枚，最高达252枚，平均蛋重58.7g。

5. 固始鸡

固始鸡属肉蛋兼用型鸡种，其具有耐粗饲、抗逆性强、肉质细嫩等优点。自然散养的固始鸡自由觅食，食青草、小虫，其具有产蛋多、蛋大壳厚、耐贮运、蛋清稠、蛋黄色深、营养丰富、风味独特、遗传性能稳定等特点。为我国宝贵的家鸡品种资源之一。

（1）产地与分布　固始土鸡是在固始县独特的地理位置和特殊的气候环境下经过历史上长期闭锁繁衍而形成的具有特殊性能和优良品质的地方鸡种，因主产于固始而得名。

（2）外貌特征　固始鸡个体中等，外观清秀灵活，体型细致紧凑，结构匀称，羽毛丰满，尾型独特。初生雏绒羽呈黄色。头顶有深褐色绒羽带，背部沿脊柱有深褐色绒羽带。两侧各有4条黑色绒羽带。成鸡冠型分为单冠与豆冠两种，以单冠者居多。冠直立，冠齿为6个，冠后缘冠叶分叉。冠、肉垂、耳叶和脸均呈红色。眼大略向外突起，虹彩呈浅栗色。喙短略弯曲、呈青黄色。胫呈靛青色，四趾，无胫羽。尾型分为佛手状尾和直尾两种，佛手状尾尾羽向后上方卷曲，悬空飘摇这是该品种的特征。皮肤呈暗白色。公鸡羽色呈深红色和黄色，镰羽多带黑色而富青铜光泽。母鸡的羽色以麻黄色和黄色为主，属黄鸡类型，白、黑色很少。该鸡种性情活泼，敏捷善动，觅食能力强（图1-16）。

（3）生产性能

① 产肉性能。不同日龄体重测定公母鸡有一定变化。初生重：公母鸡均为32.8g；90日龄体重：公鸡487.8g，母鸡355.1g；120日龄体重：公鸡649.9g，母鸡496.7g；180日龄体重：公鸡1 270g，母鸡966.7g。

图 1-16　固始鸡

② 产蛋性能。固始鸡母鸡性成熟较晚。开产日龄平均为 205 天，最早的个体为 158 天，开产时母鸡平均体重为 1 299.7g。年平均产蛋量为 141.1 个，产蛋主要集中于 3~6 月份，平均蛋重为 51.4g，蛋壳褐色，蛋壳厚为 0.35mm，蛋黄呈深黄色。

③ 繁殖性能。公母配种比例为 1：12 时，其受精率平均为 90.4%，受精蛋孵化率平均为 83.9%。在农村条件下，公母配种比例更大，种蛋受精率平均为 85.4%，受精蛋孵化率平均为 81.2%。固始鸡具有一定的就巢性。自然条件下具就巢性者占总数 20.1%；在舍饲条件下，就巢性占 10%。

6. 右玉边鸡

右玉边鸡是我国著名地方肉蛋兼用型家鸡品种，具有抗严寒、耐粗饲、肉质优良等特性，适于高原丘陵寒冷地区饲养。右玉县是大同盆地最冷的地方，一年有 5 个月的地面冻结期。经过多年风土驯化的右玉边鸡，具备了在寒冷风沙环境中生长繁殖的特点。

（1）产地与分布　主产于山西省右玉县，分布于五寨、平鲁、偏关、神池、左云等地。据外貌特征推断，现今的右玉鸡可能含有大骨鸡、边鸡以及北京油鸡的血统。

（2）外貌特征　体型较大，胸背深宽。喙石板色，较短，微弯曲。冠中等高，冠型有单冠、玫瑰冠。公鸡羽毛金黄色，尾羽黑色。母鸡羽色以黄麻为主，也有黑色、白色、褐麻色等。尾羽较开展，硬而向上翘，羽毛长，绒毛稍密，腹大下垂，且柔软而富弹性。部分鸡尾羽软而下垂。少数鸡有凤冠、胡须、毛腿和五爪。胫青色或粉红色，以青色居多（图1-17）。

图1-17　右玉边鸡

（3）生产性能

① 产肉性能。平均体重：初生43g；60日龄公鸡325g，母鸡293g；180日龄公鸡1 284g，母鸡1 169g；成年公鸡3 000g，母鸡2 000g。

② 产蛋性能。母鸡平均开产日龄240天。平均年产蛋120枚，平均蛋重67g，高者达84g。平均蛋壳厚度0.31mm，平均蛋形指数1.35。蛋壳深褐色占70%，其余均呈褐色或浅褐色。

③ 繁殖性能。公鸡性成熟期110~130天。公母鸡配种比例1 ∶（10~12）。平均种蛋受精率90%，平均受精蛋孵化率85%。公鸡利用年限1~2年，母鸡2~3年。

7. 大骨鸡

大骨鸡又称庄河鸡。大骨鸡形成历史悠久，据资料记载，早在200多年以前，山东移民将山东大型的寿光鸡带入辽宁，与当地鸡杂交，后经当地群众长期选育而成。

（1）产地与分布　主要产于辽宁省庄河市，分布于东沟、凤城、金县、新金、复县等地。大骨鸡是以蛋大为突出特点的兼用型地方鸡种。具体大敦实、觅食力强、产蛋多而大，且蛋壳厚而坚实，肉质鲜嫩等特性。

（2）外貌特征 大骨鸡体型大，胸深宽广，背宽而长，腿高粗壮，腹部丰满。公鸡羽毛棕红色，尾羽黑色并带绿色光泽。母鸡多呈麻黄色，头颈粗壮，眼大而明亮。公鸡单冠直立，母鸡单冠、冠齿较小。冠、耳叶、肉垂呈红色，喙、胫、趾均呈黄色。大骨鸡属大型兼用型品种（图1-18）。

图1-18 大骨鸡

（3）生产性能

① 产肉性能。成年公鸡体重为3.5kg左右，成年母鸡为2.3kg，6月龄公鸡达成年体重的76.67%，母鸡达77.59%。大骨鸡产肉性能较好，皮下脂肪分布均匀，肉质鲜嫩。其半净膛屠宰率公鸡为77.80%，母鸡为73.45%，全净膛屠宰率公鸡为75.69%，母鸡为70.88%。

② 产蛋性能。大骨鸡以蛋大为其突出的特性，平均年产蛋为160枚，蛋重62~64g，高的达70g以上。在较好的饲养条件下，可达180枚。蛋壳光亮平洁，壳厚而坚实，破损率低。蛋料比为1∶（3.0~3.5）。

③ 繁殖性能。公鸡6月龄性成熟，一般体重可达2.5kg左右，母鸡180~210天开产，公母配种比例为1∶（8~10）。种蛋受精率为

90%，受精蛋孵化率为80%，60日龄育雏率为85%以上，就巢率为5%~10%，就巢持续期为20~30天。

8. 白耳黄鸡

（1）产地和分布　白耳黄鸡又称白银耳鸡、上饶地区白耳鸡、江山白耳鸡，以其全身披黄色羽毛、耳叶白色而故名。它是我国稀有的白耳鸡种，该鸡主要产区在江西省上饶市广丰、上饶、玉山三县和浙江省江山市。

（2）外貌特征　白耳黄鸡体型矮小，体重较轻，羽毛紧密，但后躯宽大，属蛋用型鸡种体型。产区群众以"三黄一白"为选择外貌的标准，即黄羽、黄喙、黄脚呈"三黄"，白耳呈"一白"（图1-19）。

图1-19　白耳黄鸡

（3）生产性能

① 产肉性能。雏鸡羽毛生长较快，通常42日龄全身羽毛可长齐，换羽也较快，适应性强。据1980年江西省农业科学院畜牧兽医研究所实验鸡场对白耳黄鸡生长期各阶段体重测定，其结果见表1-6。

表1-6 生长期各阶段体重   g

性别	初生重	30 日龄	60 日龄	90 日龄	150 日龄
公	37.0	144.95	435.78	735.34	1264.53
母	37.0	144.95	411.59	599.04	1019.89

② 产蛋性能。母鸡开产日龄平均为 151.75 天，年产蛋平均为 180 个。蛋重平均为 54.23g。蛋壳深褐色。蛋壳厚达 0.34~0.38mm。蛋形指数为 1.35~1.38。

③ 繁殖性能。在公母配种比例为 1∶（12~15）的情况下，种鸡场的种蛋受精率为 92.12%，受精蛋孵化率为 94.29%，入孵蛋孵化率为 80.34%。公鸡 110~130 日龄开啼。母鸡就巢性弱，在鸡群中仅 15.4% 的母鸡表现有就巢性，且就巢时间短，长的 20 天、短的 7~8 天。雏鸡成活率，30 日龄 96.4%，60 日龄 95.24%，90 日龄为 94.04%。

9. 藏鸡

（1）产地和分布 藏鸡是分布于我国青藏高原海拔 2 200~4 100m 的半农半牧区、雅鲁藏布江中游流域河谷区和藏东三江中游高山峡谷区数量最多、范围最广的高原地方鸡种。

（2）外貌特征 藏鸡体型轻小，较长而低矮，匀称紧凑，头高尾低、呈船形，胸肌发达，向前突出，性情活泼，富于神经质，好斗性强。翼羽和尾羽发达，善于飞翔，公鸡大镰羽长达 40~60cm。

藏鸡头部清秀。冠多呈红色单冠，少数呈豆冠和有冠羽。公鸡的单冠大而直立，冠齿为 4~6 个；母鸡冠小，稍有扭曲。肉垂红色。喙多呈黑色，少数呈肉色或黄色。虹彩多呈橘色，黄栗色次之。耳叶多呈白色，少数红白相间，个别红色。胫黑色者居多，其次肉色，少数有胫羽（图 1-20）。

（3）生产性能

① 产肉性能。初生重为 28.1~30.8g，成年体重公鸡为 1 145g，母鸡为 860.2g。

② 产蛋性能。开产期 240 天，年产蛋 40~100 枚，平均蛋重为

图 1-20　藏鸡

33.92g，蛋形指数 1.26。

10. 金阳丝毛鸡

（1）产地与分布　金阳丝毛鸡，是一个稀有品种，主要产于四川省凉山彝族自治州金阳县，毗邻县有零星分布。数量稀少，不喜欢被圈养。

（2）外貌特征　金阳丝毛鸡的外貌特点是全身羽毛呈丝状，头、颈、肩、背、鞍、尾等处的丝状羽毛柔软，但主翼羽、副翼羽和主尾羽具有部分不完整的片羽。由于该鸡全身羽毛呈丝状，似松针或羊毛，故当地群众称为"松毛鸡"或"羊毛鸡"。

母鸡体格较小，头大小适中，红色单冠，喙肉色，耳叶多为白色，脸红色或紫红色，虹彩橘黄或橘红色，体躯稍短。皮肤白色，个别黑色，也有乌骨、乌皮、乌肉的个体，胫肉色或黑色，大多数开胫羽，脚趾 4 个。公鸡体格中等大小，红色单冠直立，肉垂发达；颈较粗壮，体躯宽阔稍短，两脚开张，站立稳健。

全阳丝毛鸡的羽毛可分为白色、黑色和杂色 3 种，其中白色和黑色较少，杂色最多。据统计：白色占 22.82%、黑色占 13.11%、杂色占 63.93%，杂色羽毛分为黄白、黄黑、黑白两色或黄、黑、白三色相杂。羽色浅的鸡，其喙和胫为肉色，而羽色深的鸡其喙为黑黄色，胫为黑色（图 1-21）。

图1-21 金阳丝毛鸡

（3）生产性能

①产肉性能。生长速度：7月龄前生长速度较快，7月龄后接近体成熟。经饲养试验测定，2月龄前饲以每千克含粗蛋白质17.2%、代谢能2746.5kcal的日粮，2月龄平均月净增重138.8g，相对增长率为126.1%。3月龄时饲以每千克含粗蛋白质15.4%、代谢能2703.3kcal的日粮，公鸡平均月净增重429.3g，相对增长率为172.4%；母鸡平均月净增重379.2g，相对增长率152.3%。0~90日龄料肉比为3.6：1。

②产蛋性能。据引种观察，500天产蛋量57.11枚，平均蛋重（52.4±0.75）g，大小均匀，蛋形指数为1.34，蛋壳呈浅褐色，平均厚度为0.31mm。

③繁殖性能。公鸡开啼日龄为120天左右。据个体产蛋记载，母鸡开产日龄为160天左右。金阳丝毛鸡就巢性强，在不采取任何醒抱措施的情况下，持续期长，一般1个多月，长者可达2个月之久。每产10~15个蛋抱一次。当地群众采用母鸡孵化繁殖，每窝孵蛋15~20枚。据引种观察测定：种蛋受精率为86.8%，受精蛋孵化率为86.7%，雏鸡脱温时（30日龄），育雏率为86.4%。

11.静原鸡

（1）产地与分布 静原鸡又名静宁鸡、固原鸡，是黄土高原耐高寒干旱气候的优良蛋肉兼用鸡种，主产区在甘肃省静宁县及宁夏回族自治区固原县。

（2）外貌特征　静原鸡体格中等，公鸡头颈昂举，尾羽高耸，胸部发达，背部宽长，胫粗壮；母鸡头小清秀，背宽腹圆。

母鸡冠型多为玫瑰冠，少数为单冠（5~9个冠齿）。冠、肉垂、耳叶鲜红色，少数鸡有颌下羽。喙、胫、趾呈灰色，爪白色，少数有胫羽（图1-22）。

图1-22　静原鸡

（3）生产性能

① 产肉性能。生长速度：据静宁鸡产区和固原鸡产区分别测定，其生长期各阶段体重如表1-7所示。

表1-7　静原鸡生长期各阶段体重

g

性别	初生	30日龄	60日龄	90日龄	120日龄	150日龄	160日龄
公	37.1~47.0	88.8~150.0	226.2~340.0	543.2~860.0	830.1~1170	1143.1~1750.0	1354.6~2030.0
母	36.5~45.0	79.7~150.0	192.8~310.0	377.2~730.0	652.6~990.0	880.3~1390.0	1108.0~1480.0

② 产蛋性能。开产日龄：静原鸡性成熟较迟。母鸡一般8~9月龄开产。早春孵出的鸡比秋季孵出的鸡开产较早。

产蛋量：黄色母鸡和麻色母鸡产蛋量较多。在农家常年放牧饲养的条件下，早晚少量补饲，年产蛋量为117~124个。

蛋的品质：蛋重为 56.7~58.0g。蛋壳褐色。蛋壳厚度为 0.34~ 0.35mm。蛋形指数为 1.312~1.316。

③ 繁殖性能。繁殖力：农家养鸡的公母配种比例一般为 1：8，种蛋受精率可达 90% 左右。用天然孵化方法，孵化率较高，按受精蛋计算可达 90%~94%。人工孵化可达 82.6%。

就巢性：就巢性较强，一年就巢 2~3 次，每次持续 7~15 天。

成活率：30 日龄雏鸡成活率为 81.6%~90%。

（四）培育品种

1. 康达尔黄鸡

康达尔黄鸡具有胫黄、皮肤黄、羽毛黄的"三黄"特征，肉质鲜嫩、品位上佳是粤港地区人们喜食的黄鸡品种。康达尔黄鸡由深圳康达尔养鸡公司选育，经农业部品种资源委员会审定通过的我国第一个黄鸡品种，并获得农业部颁发的《畜鸡新品种（配套系）证书》。品种主要性能达到国家有关标准。并定名为"康达尔黄鸡"。

（1）品种特征 它兼有地方品种三黄鸡肉质滑嫩、口味鲜美的特点和其他品种肉鸡增重较快，胸肌发达、早熟、脚矮、抗病力强的优点，是广东省出口量较大的鸡种之一。父母代呈麻黄羽，商品代鸡麻黄羽色，脚黄、皮黄、脚矮细（图 1-23）。

图 1-23 康达尔黄鸡

（2）生产性能 父母代，初产日龄 150 天，全年可产蛋 175 枚，可提供商品代鸡 130 只。

商品代，90 日龄起冠，优质型 16 周龄母鸡体重 1.860kg，料肉比 3.4：1；快大型 12 周龄母鸡 1.790kg，料肉比 3.0：1。

2. 岭南黄鸡

岭南黄鸡是黄羽肉鸡新的品种，广东省农业科学院畜牧研究所培育，主要配套系：1 号中速型、2 号快大型、3 号优质型，1 号商品代初生雏自辨雌雄准确率达到 99% 以上，2 号的生长速度和饲料转化率极佳，达到国内领先水平。

（1）**特征特性** 岭南黄鸡 1 号配套系父母代公鸡为快羽、金黄羽、胸宽背直、单冠、胫较细、性成熟早；母鸡为快羽（可羽速自别雌雄）、矮脚、三黄（羽、喙、脚黄）、胸肌发达、体型浑圆、单冠、性成熟早、产蛋性能高、饲料消耗少。商品代肉鸡为快羽、三黄、胸肌发达、胫较细、单冠、性成熟早。

岭南黄鸡 2 号配套系父母代公鸡为快羽、三黄、胸宽背直、单冠、快长；母鸡为慢羽、三黄、体型呈楔形、单冠、性成熟早、生长速度中等、产蛋性能高。商品代肉鸡为黄胫、黄皮肤、体型呈楔形、单冠、快长、早熟；并可羽速自别雌雄，公鸡为慢羽，羽毛呈金黄色，母鸡为快羽，全身羽毛黄色，部分鸡颈羽、主翼羽、尾羽为麻黄色。

岭南黄鸡 3 号配套系父母代公鸡均为慢羽，正常体型，三黄，含胡须髯羽，单冠、红色、早熟，身短、胸肌饱满。公鸡羽色为金黄色，母鸡羽色为浅黄色（图 1-24）。

图 1-24　岭南黄鸡

（2）生产性能　岭南黄鸡1号配套系父母代种鸡23周龄开产，开产体重1 600g，29~30周是产蛋高峰周龄，高峰期周平均产蛋率82%，68周龄入舍母鸡产种蛋183枚，产苗数153只，育雏育成期成活率90%~94%，20~68周龄成活率大于90%；商品代公鸡45日龄体重1 580g，母鸡体重1 350g，公母平均料肉比2.00∶1。

岭南黄鸡2号配套系父母代种鸡24周龄开产，开产体重2 350g，30~31周是产蛋高峰周龄，高峰期周平均产蛋率83%，68周龄入舍母鸡产种蛋185枚，产苗数150只，育雏育成期成活率90%~94%，20~68周龄成活率大于90%。商品代公鸡42日龄体重1 530g，母鸡42日龄体重1 275g，公母平均料肉比1.83∶1。

岭南黄鸡3号配套系父母代种鸡21周龄开产，开产体重1 100g，66周龄养日产蛋数170~180枚，产苗数150只，0~20周龄成活率大于95%，20~68周龄成活率大于92%。商品代公鸡80~90日龄体重1 150~1 250g，料肉比（2.7~3.0）∶1。母鸡110~120日龄体重1 250~1 350g，公母平均料肉比（3.9~4.2）∶1。

3.江村黄鸡

1985年的江村黄鸡是利用几个不同产地的"石岐杂"与地方种鸡杂交、经家系选育而成的。而到了1996年，又从法国引入了隐性白羽纯种鸡做育种素材，结合本地土鸡进行育种。经过数十年的精心培育，历经了原祖、祖代、父母代、商品代等11个世代的提纯、复壮，既有国外"洋"血统，又有本地"土"基因的江村黄鸡。

（1）外形特征　江村黄鸡在大品类上属三黄鸡，在颜色表现上，鸡嘴、鸡脚、鸡毛、皮肤呈现黄色。而在形体方面，江村黄鸡的头部较小，鸡冠饱满、鲜红、直立无下垂，嘴部较短。而全身的毛十分紧实，尤其是羽毛的色泽鲜艳呈金黄色，也有羽毛是亮黑色，多分布于鸡尾。整体来说，江村黄鸡的体型短而宽，正因为如此，其肌肉较集中、丰满，用其烹饪出的菜肴肉质细嫩、味道鲜美，尤其是它的油脂丰富、皮下脂肪适中，是制作白切鸡等名菜的优良鸡种（图1-25）。

图1-25　江村黄鸡

（2）品种特性　父母代母鸡22周龄开产，27~29周龄为产蛋高峰期，高峰期产量率75%~80%，至66周龄产种蛋150枚，平均受精率92%，孵化率85%；肉用母鸡饲养期100天，体重1 700~1 900g，肉料比1：3.0；肉用公鸡饲养期63天，体重1 500g，肉料比1：2.3，全期成活率为90%以上。

4.农大矮小鸡

农大矮小鸡是中国农业大学（原北京农业大学）家禽育种专家早在1989年便充分利用矮小基因（dw），培育适合我国国情的矮小鸡——农大褐3号节粮型蛋鸡，农大褐3号有两种产品类型，一种是褐壳蛋鸡，一种是粉壳蛋鸡。1998年该品种通过农业部组织的技术鉴定。农大褐3号，兼有土种鸡蛋的品质：粉壳、味浓，又兼有进口鸡的产蛋能力，同时还有显著的节粮效能，是我国众多蛋鸡良种中难得可贵的良种。

（1）外形特征　父母代鸡特征，公鸡：为矮小型，快羽，浅褐色羽毛。母鸡：慢羽，普通体形，单冠，白来航型，蛋壳颜色白色。商品代蛋鸡外貌特征，矮小型，单冠，羽毛颜色以白色为主，部分鸡有少量褐色羽毛，体型紧凑（图1-26）。

图 1-26　农大矮小鸡

（2）品种特性　农大褐商品鸡 120 日龄平均体重 1 250g，开产日龄 150~156 天，入舍母鸡平均产蛋 275 枚，蛋重 55~58g，总蛋重 15.7~16.4kg，料蛋比（2.0~2.1）：1，产蛋期成活率 96%。农大粉商品鸡 120 日龄平均体重 1 200g，开产日龄 148~153 天，入舍母鸡平均产蛋 278 枚，蛋重 55~58g，总蛋重 15.6~16.7kg，料蛋比（2.0~2.1）：1，产蛋期成活率 96%。

四、优质肉鸡配套生产

发展安全优质肉鸡生产是我国发展生态农业的战略性措施之一，也是对我国脆弱的生态环境进行有效的保护，减少对环境的污染破坏，提供给消费者安全、健康的食品。发达国家的肉类生产已经向着安全优质方向发展，并有一整套的生产技术标准和管理体系来保证产品的质量。我国一些大城市也已经开始推行畜产品市场准入制度，安全、优质是准入的首要条件。一些发达地区也对养殖业的规划发展做出严格的要求，制定了规范的养殖要求。因此在进行养鸡时，应了解优质肉鸡配套生产技术。

（一）科学设计养鸡场

养鸡与一般工业生产不同（产品为活物），具有独特的工艺流程。

养鸡场的设计应根据饲养品种、经济条件、技术力量和社会需求，结合环境保护对生产工艺进行合理设计。养鸡场设计包括生产工艺设计和工程工艺设计两个部分。生产工艺设计主要根据场区所在地的自然和社会经济条件，对养鸡场的鸡群组成、生产工艺流程、饲养管理方式、水电和饲料等消耗定额、劳动定额、生产设备的选型配套、鸡场所在区域的气候和社会经济条件等加以确定，进而提出恰当的生产指标。工程工艺设计是根据鸡的生产所要求的环境条件和生产工艺设计所提出的方案，利用工程技术手段，按照安全和经济的原则，提出鸡舍的基本尺寸、环境控制措施、场区布局方案、工程防疫设施等，为养鸡场工程设计提供必要的依据。

养鸡场生产工艺方案的确定，应满足以下原则：① 符合鸡生产技术要求；② 有利于养鸡场防疫卫生要求；③ 达到减少粪污排放量及无害化处理技术要求；④ 节水、节能；⑤ 提高劳动生产效率。

（二）科学合理的饲养管理技术

山林果园散养土鸡包括育雏期舍内饲养、育成期散养。雏鸡阶段应进行保温育雏，以后逐步降温直到自然放牧散养，同时注意通风，保持空气清洁，防止一氧化碳、二氧化碳、氨气及其他粉尘等危害；育雏期必须供应充足、营养全面的饲料。体重达到 0.3kg 以上，才具备放养的条件。

（三）疫病防治技术

一般情况下，优质肉鸡的抗病力强，但因其饲养周期长，加之有些是放养于野外，接触病原体机会多，必须认真按要求严格做好防疫卫生消毒工作，减少或杜绝传染病的发生。在进雏鸡前，育雏室用2%的火碱消毒或用福尔马林消毒后方能进鸡。鸡只转群前或出栏后，用碘酸消毒液消毒放养场。放养场和育雏室每隔20天用碘酸或戊二醛消毒液消毒1次，在传染病流行期，每隔7天消毒1次，放养山地每月用草木灰消毒一次。同时根据本地实际，重点做好鸡流感、鸡新城疫、马立克氏病、传染性法氏囊病等疫苗的免疫接种工作。

（四）做好管理记录

认真做好日常生产记录，记录内容包括雏鸡品种、来源、进鸡时间、数量、免疫、消毒、转群、换料、饲料消耗、用药情况及死亡淘汰数量等。

第二章
场地的选择、鸡舍的修建与设备

一、不同时期（圈养期、散养期）的场址选择

山林果园散养土鸡，圈养期要选择在地势高燥、背风向阳，有利于保温，同普通鸡育雏舍选址相似。散养期要抓住原始、生态、无污染环节，实行自由放养，让鸡群觅食昆虫、嫩草、树叶、籽实和腐殖质等自然饲料为主，人工科学补料为辅，严格限制化学药品和饲料添加剂的使用，禁用任何激素和人工合成促生长剂。通过良好的饲养环境、科学饲养管理和卫生保健措施，最大限度地满足鸡群的营养、生理和心理需要，提高鸡群本身的免疫力，使肉、蛋产品达到无公害食品乃至绿色食品的标准。因此，在场址选择与建设上，与普通鸡的要求有所差别。

（一）场址选择原则

建造一个鸡场，首先要考虑选址问题，而选址，又必须根据鸡场的饲养规模和饲养性质（饲养商品肉鸡、商品蛋鸡还是种鸡等）而定，场地选择是否得当，关系到卫生防疫、鸡只的生长以及饲养人员的工作效率，关系到养鸡的成败和效益。

场地选择要考虑综合性因素，如面积、地势、土壤、朝向、交通、水源、电源、防疫条件、自然灾害及经济环境等，一般场地选择要遵循如下几项原则。

1. 有利于防疫

养鸡场地不宜选择在人烟稠密的居民住宅区或工厂集中地，不

宜选择在交通来往频繁的地方，不宜选择在畜鸡贸易场所附近；宜选择在较偏远而车辆又能到达的地方。这样的地方不易受疫病传染，有利于防疫。

2.场地宜在高燥、干爽、排水良好的地方

如在平原地带，要选地势高燥、稍向南或东南倾斜的地方；如在山地丘陵地区，则宜选择南坡，倾斜度在20°角以下。这样的地方便于排水和接纳阳光，冬暖夏凉。场地内最好有鱼塘，以利排污，并进行废物利用，综合经营。

3.场地要有水源和电源

鸡场需要用水和用电，故必须要有水源和电源。水源最好为自来水，如无自来水，则要选在地下水资源丰富、适合于打井的地方，而且水质要符合卫生要求。

4.场地范围内要圈得住

场地内要独立自成封闭体系（用竹子或用砖砌围墙围住），以防止外人随便进入，防止外界畜鸡、野兽随便进入。

此外，还必须遵循以下原则：① 远离城镇、交通主干线，远离化工厂、屠宰厂、肉联厂、医院、居民区；② 选择深山草地，没有传染病，空气好、地质好、水质好，杂草树木多，没有或很少农田，不用或几乎不用农业化肥，居住松散区域散养；③ 较平坦向阳有水源且出水畅通，能通车、通电，能危害鸡的野生动物少；④ 育雏室建造要选地势高燥，向阳避风，离成鸡舍较远的上风头；⑤ 成鸡舍建造要选地势高燥，向阳避风，周围有较广阔的平坦地段，而且接近整个鸡觅食运动场的中间（一般10~20亩场地养500只左右，建一个舍为一个饲养区为宜）；⑥ 饲料室建在整个场址的入口，地势高燥，通风，出水畅通，交通方便的地方；⑦ 生活区要选在入口处，但必须与饲养区隔离开。

（二）场地位置

1.圈养期的场址选择

自行孵化育雏需要进行孵化室和育雏舍场址的选择与建造，外购雏鸡可省略孵化室的建造。

（1）地形地貌　平原地区，场地应选择地势高燥、平坦、开阔、排水良好和背风向阳的地方，地下水位要在1m以下。因为这种场地阳光充足，通风、排水良好，有利于鸡场内、外环境的控制。山区应选择稍平缓坡上，坡面向阳，鸡场总坡度不超过25%，建筑区坡度控制在25%以内。

在土质上，最好选择含石灰质多的沙质土壤，平时能保持舍内外干燥，雨后能及时排除地面积水。避免在黏土地上建鸡舍，因为这样的土质通透性不强，雨季难以进行舍外作业。另外在丘陵地区建舍要防止"渗山水"，避免鸡舍潮湿。

（2）水源　用水要考虑水量与水质的问题，其耗水包括饮用水、日常消毒用水、生活用水等。水源应是地下水，水质清洁。如有条件应取水样，对水的物理、化学和生物污染程度进行化验分析，选择经过检查符合饮水卫生的水。

（3）电源　鸡场中除孵化室要求24h供电外，雏鸡群的光照、温度都需要电力供应。必要时要配备备用电源，如发电机。

（4）运输与饲料来源　圈养期要选址在交通方便，场内外道路平整，有利于卫生防疫的地方。一般要求距主要公路干线不少于500m，距次级公路应在100~200m为好。

（5）防疫环境　圈养期选择场址时应尽可能远离多村集镇、居民点、小学校、屠宰场等。

2. 圈养期场地的规划

圈养期鸡场主要分场前区、生产区及隔离区等。场地规划时，主要考虑人、鸡卫生防疫和工作方便，根据场地地势和当地全年主风向，顺序安排各区。对鸡场进行总平面布置时，主要考虑卫生防疫和工艺流程两大因素。

（1）场前区　场前区应包括饲料加工及料库、车库、杂品库、更衣消毒室等。场前区应设在与外界联系方便的位置，大门前设车辆消毒池（图2-1），大门一侧设消毒更衣室。

图2-1 场前消毒池

场外运输应与场内运输分开，与外界联系、运输的车辆严禁进入生产区，其车棚、车库也应设在场前区。

场前区与生产区应加以隔离，外来人员限于在场前区活动，不得随意进入生产区。

（2）孵化室 宜建在靠近场前区的入口处，大型养殖场最好单独设孵化场，孵化场宜设在养殖场专用道路的入口处；小型养殖场也应在孵化室周围设围墙或隔离绿化带。

（3）幼雏舍 为保证防疫安全，鸡舍的布局根据主风方向与地势，应当按孵化室、幼雏舍排列，以减少发病机会。

（4）饲料加工及料库 应接近鸡舍，但又要与鸡舍有一定的距离，以利于鸡舍的防疫。

（5）隔离区 包括病死鸡隔离、剖检、化验、处理等房舍和设施，粪便污水处理及储存设施等。该区是养鸡场病死鸡、粪便等污物集中之处，是卫生防疫和环境保护工作的重点。该区应设在全场的下风向和地势最低处，且与其他区的间距小于50m。隔离区应设置处理病死鸡的尸坑或焚尸炉、化尸池等设施，并要有单独的下水道将污水排至场外的污水处理设施。

（6）鸡场的道路 生产区的道路应将净道和污道分开，以利于卫生防疫。净道用于生产联系和运送饲料、产品，污道用于运进粪便污物、病鸡和死鸡。场外的道路不能与生产区的道路直接相通。场前区与隔离区应分别设与场外相通的道路。

（7）养鸡场的排水设施 排水设施是为排出场区的雨水、雪水，保持场地干燥、卫生的设置。一般可在道路一侧或两侧设明沟，沟壁、沟底可砌砖、石，也可将土夯实做成梯形或三角形断面，再结合绿化护坡，以防塌陷。如果场地本身坡度较大，也可以采取地面自由排水，但不宜与舍内排水系统的管沟通用。

3. 散养期的场地选择

（1）位置

① 山地、草坡。山地、草坡（图2-2）应选择远离住宅区、工矿区和主干道路，环境僻静的地方，最好是灌木林、荆棘林和阔叶林，没有或有很少农田等。其坡度以低于32.5°为佳，丘陵山地更适宜。土质以沙壤为佳，若是黏质土壤，在散养区应设置一块沙地，附近有小溪、池塘等清洁水源的更佳。

图2-2　草坡散养鸡

② 林地。林地（图2-3）分布范围比较广，树的品种也较多，有幼龄、成龄的宽叶林、针叶林、乔木、灌木等。夏天宜安排在乔木林、宽叶林、常绿林、成龄树林中；冬天则安排在落叶、幼龄树林为好，以刚刚栽下的1~3年的各种经济林最好。

林地养鸡必须选择林隙合适、林冠较稀疏、冠层较高（4~5m）、郁闭度在0.5~0.6的林地。这样的林地透光和通气性能较好，而且林地杂草和昆虫较丰富，有利于鸡苗的生长和发育。郁闭度大于0.8或小于0.3时，均不利于鸡苗生长。

据调查，南方家庭式养鸡场设在桉树林内，相思林、灌木林、杂木林等，因枝叶过于茂密，遮阴度大，不适合林地养鸡。橡胶林多采取宽行密株经营方式，虽然树冠浓密，透光度小，但行距大，树冠高（3m以上）。林内间隙较大，许多养殖户在橡胶林内办养鸡场，也获得良好效果。部分省市养殖户则在马尾松林等林内养殖，也很成功。

图2-3 林地养鸡

③果园。适宜养殖的果园有桃园、苹果园、枣园等。园地要求地势平坦干燥、避风向阳，环境安静，易防敌害和传染病，树龄以3~5年生为佳（图2-4）。

图2-4 果园散养鸡

（2）水源 每只成年鸡每天的饮水量平均为300mL，在气候温和的季节里，鸡的饮水量通常为采食饲料量的2~3倍，寒冷季节约为采食饲料量的1.5倍，炎热季节饮水量显著增加，可达采食饲料量的4~6倍。因此，散养鸡场必须要有可靠、充足的水源，并且位置适宜，水质良好，便于取用和防护。最理想的水源是深层地下水：一是无污染；二是相对"冬暖夏凉"。地面水源包括江水、河水、塘水等，其水量随气候和季节变化较大，有机物含量多，水质不稳定，多受污染，要经过消毒处理后才可使用。

（3）环境条件 要求散养场地距交通主要干线1km以上、距居民点1km以上、距周围3km范围内没有大的污染源。

4. 散养期场地的规划

根据场地的大小、植被的多少、散养鸡数量的多少分割围栏（圈养区域以鸡舍为中心，半径距离一般不超过80~100m，距离太远，鸡不会走那么远的地方，场地就浪费了），采取定期轮牧的饲养方式，等一片散养地的草被鸡采食差不多后，应赶到另一片散养地，做到鸡一经散养就日日有可食的草、虫或树叶等。同时也有利于果园的翻耕、鸡粪的处理、果树的管理与施肥、用药，保证牧草的复壮和生长，也可防止鸡群间疾病的传播，便于消毒处理。为了保证散养鸡有充足的饲草，可预先在散养地种植一些可供鸡食用的牧草，如苜蓿、黑麦草、龙爪稷等。

二、鸡舍的建造

（一）简易鸡舍的建筑要求

由于农村个体养鸡户的养殖数量不大，规模较小，一般都建设简易鸡舍，既节约资金，又节省时间。虽然简易鸡舍的种类有很多种，但是不论哪种都要满足简易鸡舍的建筑要求，不可违背，否则会造成严重的损失。

1. 通风换气

所建简易鸡舍要满足通风换气要求。能关闭的前窗、后窗和天窗,以便去除舍内热气、湿气和有害气体。

2.卫生消毒

卫生消毒方面一定要做到位,鸡舍卫生环境的优劣严重影响鸡只健康。最好是水泥地面,以便清理鸡粪和消毒,或者是网上饲养方式等。山区林产丰富,可用竹木架设高床地面,一般高于平地70cm,运动场大小为鸡舍面积的2.5倍左右,运动场的围篱不矮于1.8m。鸡舍和饲料间的门窗安装铁丝网,以防鸟类进入。鸡舍的通道口设有消毒池,便于来往人员鞋底消毒。鸡舍供水系统要可靠,防止漏水、渗水。

3.保温隔热

在众多家畜中,鸡对温度要求最苛刻,因此育雏舍冬季保温夏季隔热功能要好。育雏舍墙高2m,墙壁厚实,地面干燥,门窗无缝,保温隔热性能良好。门窗上可挂布帘,以便遮光,也能避免冷风侵入鸡舍。

4.育雏舍跨度适宜

育雏舍可建成单坡式或双坡式,跨度5~6m,靠北侧留一条0.8~1m宽的走道。还可在育雏舍一侧1/3处挂塑料帘,把育雏舍隔成大小两间,在小间升温育雏,3周龄后升起帘子,减小养鸡密度。而对于饲养1 000只鸡以上的鸡舍来说,一般要求鸡舍门朝南或东南,平养鸡舍檐高2~2.5m。窗子面积应为地面面积的1/8~1/6,高度和每个窗子的大小,取决于太阳入射角和鸡床的位置。一般前窗大,后窗较小。南北墙离地面30cm的地方要开通风地窗,面积为30cm×30cm。通风地窗安有铁栅栏,以防老鼠和野兽为害。舍内走道,平养的一般设在北侧,宽度1~1.2m。

(二)简易鸡舍的修建

简易鸡舍要求能挡风,不漏雨,不积水即可,材料、形式和规格因地制宜,不拘一格(图2-5),但需避风、向阳、防水、地势较高。面积按每平方米能容纳12只鸡搭建,每个鸡舍的大小以容纳成年鸡100~150只为宜。多点设棚,内设栖息架,鸡舍周围放置足够的喂料和饮水设备，其配置情况与固定式鸡舍相同。

图 2-5　简易鸡舍示例

（三）普通鸡舍的修建

普通鸡舍要求防暑保温，背风向阳，光照充足，布列均匀，便于卫生防疫，内设栖息架，舍内及周围放置足够的喂料和饮水设备，使用料槽和水槽时，每只鸡的料位为 10cm，水位为 5cm；也可按照每 30 只鸡配置 1 个直径 30cm 的料桶，每 50 只鸡配置 1 个直径 20cm 的饮水器。

在建筑结构上采用比较简单的方法，修建成斜坡式的顶棚，坡面向南，北面砌一道 2m 的墙。东西两侧可留较大的窗户，南侧可用尼龙网或者铁丝，但必须留大的窗户，面积以 16m^2 为宜。这种鸡舍通风效果好，可以充分利用阳光；保暖性能良好，南方、北方都适用。这种鸡舍配有较大的运动场，可以建在果园里采用半开放式，鸡既可吃果园中的昆虫及杂草，还可以为果园施肥。既有利于防病，又有利于鸡的觅食。放牧场地可设沙坑，让鸡洗沙浴。

地面平养以每平方米面积可载大鸡 10~12 只，用木屑、稻草、秸秆做垫料，笼养、网养用木料和塑料自制。注意搭支架时要保证鸡自由进出、上下鸡舍休息和活动。

（四）塑料大棚鸡舍的修建

塑料大棚鸡舍（图2-6）就是用塑料薄膜把鸡舍的露天部分罩上，利用塑料薄膜的良好透光性和密封性，将太阳能辐射和机体自身散发的能量保存下来，从而提高了棚舍内温度，它能人为创造适应鸡生长的小气候，减少鸡舍不合理的热能消耗，降低鸡的维持需要，从而使更多的养分供给生产。

塑料大棚鸡舍的建造，一般棚内左侧、右侧和后侧为墙壁，前坡是用竹条、木杆和钢筋做成的拱形支架，外覆塑料薄膜，搭成三面为围墙、一面为塑料薄膜的起脊式鸡舍。墙壁建成夹层，可增强防寒、保温能力，内径在10cm左右，建墙所需的原料是土或砖、石。后坡可用油毡、稻草、泥土等按常规建造，外面再铺一层稻草等物。一般来说，鸡舍的后墙高1.2~1.5m，脊高2.2~2.5m，跨度为6m，脊到后墙的垂直距离为4m。塑料薄膜与地面、墙的接触处，要用泥土压实，防止贼风进入。在薄膜上每隔50cm用绳将薄膜捆牢，防止大风将薄膜刮掉。棚舍内地面可用砖垫高30~40cm。棚舍内的南部要设置排水沟，及时排出薄膜表面滴漏的水。棚舍的北墙每隔3m设置一个1m×0.8m的窗户，在冬季封寒，夏季时逐渐打开。门应设在棚舍的东侧，向外开，棚舍要设置照明设施。内设栖息架，舍内及周围放置足够的喂料和饮水设施。

图2-6　塑料大棚鸡舍

（五）开放式网上平养无过道鸡舍的修建

这种鸡舍适用于育雏和饲养育成鸡、仔鸡。鸡舍的跨度6~8m，南北墙设窗户。南窗高1.5m，宽1.6m；北窗高1.5m，宽1m。舍内用金属铁丝隔离成小自然间。每一自然间设有小门，供饲养员出入及饲养操作。小门的位置依鸡舍跨度而定，跨度小的设在鸡舍内南或北一侧，跨度大的设在中间，小门的宽度约1.2m。在离地面70cm高处架设网片。

（六）利用农舍等改建的鸡舍

利用农舍、库房等其他设备改建鸡舍，达到综合利用，可以降低成本。必须做到通风、保温，一般旧的农舍较矮，窗户小，通风性能差，改建时应将窗户改大，或在北墙开窗，增加通风和采光。舍内要保持干燥。旧的房屋低洼，湿度大，改建时要用石灰、泥土和煤渣打成三合土垫在室内，在舍外开排水沟。

三、养鸡设备和用具

（一）增温设备

雏鸡对温度要求较高，尤其在寒冷季节进雏。因此圈养期鸡舍应有加温设备。加温设备主要有电保温伞、保温箱、红外线灯、煤炉和排烟管道等。采用电保温伞、保温箱、红外线灯加温，干净卫生，但成本高。用煤炉加热比较脏，容易发生煤气中毒事故。因此，养殖者应当因地制宜地选用经济实惠的供暖设备和方式，以保证达到鸡所需温度。

1. 红外线灯

在春季温暖的地区，或者选择在比较温暖的季节育雏，需要补充的热量不是很大，可采用红外线灯取暖。为了增强红外线灯的取暖效果，应制作一个大小适宜的保温灯伞（图2-7）。一般红外线灯泡的悬吊高度为：炎热的夏季离地面或床面40~50cm。寒冷的冬季离地面或床面25~35cm。随着鸡日龄的增加和季节的变化应逐渐提高灯泡高度或逐渐减少灯泡数量，也可采用瓦数较小的灯泡，以逐渐降低温度。一盏275W红外线灯泡（图2-8）可供100~250只雏鸡保温。此法舍内清洁，垫料干燥，但耗电多，若与火炉或地下烟道供热结合使用效果较好。

图2-7 电热保温伞　　　　图2-8 红外线灯

2. 煤炉供温

煤炉是我国广大农村，特别是北方常用的供暖方式。可用铸铁或铁皮火炉，燃料用煤块、煤球或煤饼均可，用管道将煤烟排出舍外，以免舍内有害气体积聚。保温良好的房舍，每20~30m²设1个煤炉（图2-9、图2-10）。此法适用于各种育雏方式，但若管理不善，舍内空气中烟雾、粉尘较多，在冬季易诱发呼吸道疾病。因此，应注意适当通风，防止煤气中毒。

图2-9 鸡舍煤炉加温　　　　图2-10 鸡舍加温炉

3．烟道供温

烟道供温有地上水平烟道和地下烟道两种。

地上水平烟道是在育雏室墙外建一个炉灶，根据育雏室面积的大小在室内用砖砌成一个或两个烟道，烟道一端与炉灶相通。烟道另一端穿出对侧墙壁，沿墙外侧建一个较高的烟囱，烟囱应高出鸡舍 1～2m，通过烟道对地面和育雏室空间加温。烟道排列形式因房舍而定。

地下烟道与地上烟道相比差异不大，只不过室内烟道建在地下，与地面齐平。烟道供温时室内空气新鲜，粪便干燥，可减少疾病感染，适用于广大农户养鸡和中小型鸡场。

4．热水供温

利用锅炉（图 2-11）和供热管道将热水送到鸡舍的散热器（图 2-12、图 2-13）中，然后提高鸡舍温度。此法温度稳定，舍内温度均匀，舍内卫生，鸡群发病少，但一次投入大，运行成本高。

图 2-11　锅炉　　　　图 2-12　供热管道

图 2-13　鸡舍控温锅炉全套示意图

5.热风炉

热风炉是目前应用最多的集中式采暖的一种，可采用一个集中的热源（锅炉房或其他热源），将蒸汽或预热后的空气，通过管道输送到舍内（图2-14）。空气温度可以自动控制。热效率可达70%以上，有卧式和立式两种，可根据鸡舍的大小和温度需求选择不同功率的热风炉。如210MJ热风炉的供暖面积为500m²，420MJ热风炉的供暖面积为800~1 000m²。

图2-14 热风炉

（二）食盘和食槽

雏鸡的喂料设备很多，对于中小型养鸡场来说，宜采用普通喂料设备手工添料方式，借助手推车装料。一名饲养员可负担3 000~5 000只雏鸡的饲养量。普通喂料设备具有取材容易、成本低、便于清洗消毒与维护等优点，深受广大养鸡户的喜爱。

雏鸡最初2~3天内采用开食盘（图2-15），第3天后改用料桶（图2-16）。料桶由上小下大的圆形盛料桶和中央锥形的圆盘状料盘及栅格等组成，可通过吊索调节高度或直接放在地面或网床上，一般小型料桶容量为2.5kg，可供幼雏使用；中型料桶容积为6kg，可供中雏使用。

图2-15 开食盘

图2-16 料桶

（三）饮水设备

可供雏鸡饮水的器具有水箱、真空饮水器（图2-17）、吊式饮水器、乳头式饮水器、水盆等，这些器具大多由塑料制成，水槽也可用木、竹等材料制成。

1. 真空饮水器

这种饮水器构造简单，使用方便，清洗消毒容易。塔形真空饮水器的容量为1~3L，盘的直径为160~220mm，槽深25~30mm，可供70~100只雏鸡饮用（图2-17）。

图 2-17　真空饮水器

2. 吊式饮水器

吊式自动饮水器具有节约饮水、调节灵活、清洁卫生的优点，但投资较大，水箱、限压阀、过滤器等部件必须配好，并严格管理，否则容易漏水（图2-18）。吊式自动饮水器饮水盘直径260mm，高度

图 2-18　吊式饮水器

53mm，容水量为 1kg。每个饮水器可供 50~80 只雏鸡用，饮水器的高度应根据不同周龄的体高进行调节。

3. 乳头式饮水器

乳头式饮水器（图 2-19）清洁卫生，节约饮水，不用清洗，节省劳动力。但是使用这种饮水设备需要一定的水压，投资大。近几年乳头式饮水器有了很大改进，由原来的 2 层密封发展为 3 层密封，乳头漏水现象大为减少，有利于鸡舍内地面的干燥，使舍内环境得到很大改善。

图 2-19 乳头式饮水器

4. 长条水槽

长条形水槽断面一般呈 "V" 字形、"U" 字形，其大小可随雏鸡的饲养阶段（即日龄）而异（图 2-20）。一般为 5cm×15cm，可用镀锌铁皮和无毒塑料管制成，农家也可用竹子为材料。用塑料管或竹子为材料，截取 20~30cm，一剖为二，将两头堵死不致漏水即可。利用镀锌铁皮作水槽，不仅要焊严，还量注意防锈防腐。条形饮水器结构简单，供水可靠，但耗水量大。

图 2-20 长条水槽

（四）育雏鸡笼

层叠式电热育雏笼由加热育雏笼、保温育雏笼、雏鸡活动笼 3 部分组成，每部分都是独立的整体，可根据需要进行组合，目前国内外普遍使用该工艺（图 2-21）。电热育雏笼一般为 4 层，每层 4 个笼为一组，每个笼长 × 宽 × 高为 110cm × 60cm × 30cm，每笼可容纳 70~100 只雏鸡。

图 2-21　层叠式育雏笼

（五）栖架

鸡有高栖过夜的习性，每到天黑之前，总想在鸡舍内找个高处栖息。假设没有栖架，个别的鸡会飞在高处过夜，多数拥挤在一角栖伏在地面上，对鸡的健康不利。由此，在舍内后部应设有栖架。栖架主要有两种形式：一种是将栖架做成梯子形靠立在鸡舍内，叫立式栖架（图 2-22）；另一种是将栖架钉在墙壁上。也可以在放养场内设立简易栖架（图 2-23）。

图 2-22 立式栖架

图 2-23 简易栖架

（六）其他设备

1.通风换气设备

通风换气按气流运动的动力可分为自然通风和机械通风两种。自然通风与窗户的大小、高度及舍的走向等有关。大型养鸡场多采用大直径、低转速的轴流风机通风（图 2-24）。安装风机的数量及选择风机功率大小主要根据鸡舍的大小和饲养量，衡量标准主要体现在舍内气流速度、换气量和有害气体含量方面。通风换气量应按夏季最大需要量计算，每千克体重平均为 $4\sim5m^3/h$，鸡体周围气流速度为 $1\sim1.5m^3/s$；有害气体最大允许量氨为 $20g/m^3$，硫化氢为 $10g/m^3$，二氧化碳为 0.15%。此外通风换气有着较复杂的形式和设计，生产中根据具体情况选择较经济实用的设备。

图 2-24 风机

2.断喙器

可有效预防啄癖的发生。断喙器的种类很多，现多数鸡场采用可控温、控速的电热断喙器（图 2-25），在断喙的同时，高温灼烧可起消毒和止血的作用。部分鸡场采用进口的红外线断喙器，可同时给 4

只鸡断喙，断喙后初看上去似乎没做任何处理，仅喙尖颜色略微发白，1~2周后，喙部外层发黑、变软、脱落。

图 2-25　断喙器

3.鸡眼镜

采取戴眼镜方式的要购买500g以上土鸡佩戴的鸡眼镜（图

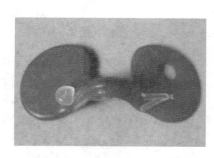

图 2-26　鸡眼镜

2-26）。鸡眼镜是近几年在生产中应用的新技术，分为有栓和无栓两种。鸡戴上眼镜后，不能正常平视，只能从侧面或下面看，不仅能有效防止饲养在一起的种公鸡相互打架，而且活动、采食、交配都没问题，效果很好。

4.饲料加工设备

许多人认为，散养土鸡必须饲喂原粮，但从实际的效果来看，饲喂原粮除省去饲料加工的环节外，鸡的增重效果并不理想。因此，高效益的养殖生产，还需采用配合饲料，各养鸡场应备有饲料粉碎机和饲料混合机，在饲喂之前应对不同饲料原料进行粉碎、混合（图2-27、图 2-28）。

图 2-27 饲料粉碎机

图 2-28 饲料混合机

5. 捕鸡网

捕鸡网（图 2-29）是用铁丝制成一个圆圈，上面用尼龙网或用绳结成一个浅网，后面连接上一个木柄，用于捕捉鸡只。

图 2-29 捕鸡网捕鸡

6. 消毒设备

消毒设备有喷雾消毒器（图 2-30）、臭氧发生器（图 2-31）、熏蒸器等。喷雾消毒器有气动喷雾器和电动喷雾器两种，消毒药结合雾化作用提高消毒效果，常用于鸡舍地面、墙、舍内空气等的消毒，也可用于高效低毒药的带鸡消毒。

图 2-30　喷雾消毒器

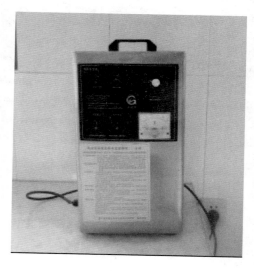

图 2-31　臭氧发生器

第三章
放养鸡的营养需要、饲养标准与饲料开发

土鸡的生态养殖是让土鸡在野外的自然环境中自由采食昆虫、嫩草和各种籽实等为主，人工补饲配合饲料为辅的一种饲养方式。这种方式可以让鸡按照自身的生长发育自然生长，以生产出绿色、天然、优质的土鸡及土鸡蛋。

一、放养土鸡的营养需要

鸡的营养需求主要包括水、碳水化合物、蛋白质、脂肪、维生素、矿物质等。土鸡作为散养鸡的一个品种，无论是在天然饲料，还是人工补料，对这些营养成分也是必需的。

（一）水

水是鸡体不可缺少的养分，在生命活动中起着非常重要的作用。水直接参与养分的消化吸收，代谢产物的排泄、血液循环、体温调节、保持体液的平衡和各种器官形态等一系列生理生化过程。水在血液中占有一定比例，雏鸡体内含水约为70%，成年鸡约为55%，鸡蛋中含水50%。因此，水是最重要的一种营养物质。

鸡的需水量随鸡的日龄、体重、饲料类型、饲养方式、气温以及产蛋率不同而异。一般3~4周龄的雏鸡耗水量大约为体重的18%~20%，产蛋母鸡为14%，炎热夏天增至3~4倍。一般来说，饮水量大约为采食量的2~3倍。

养鸡必须供水充足。当鸡缺水时会出现循环障碍、体温升高、代

谢紊乱，使饲料消化不良，鸡的生长和产蛋均受影响；鸡体严重失水时可致死亡。试验证明，雏鸡断水 10~12h，会使采食量减少，还可能影响增重；产蛋鸡断水 24h 能使产蛋下降 30%，补水后约经 25~30 天才能恢复正常的产蛋量。

在日常管理中要注意细心观察鸡群饮水量，分析原因，及早采取措施。出现疾病时，一般饮水减少比采食减少早 1~2 天。当日粮中食盐过多，鸡的饮水量会大增。

（二）碳水化合物

碳水化合物是土鸡生长的重要能量来源，它主要是由碳、氢、氧元素组成，它包括淀粉、糖类和粗纤维。淀粉和糖是重要的能量来源，还可以做为合成脂肪的原料。粗纤维可以促进胃肠蠕动，缺乏的时候，容易引起便秘，过多的时候会降低饲料的营养价值。一般土鸡日粮中的粗纤维含量不能超过 5%。

（三）蛋白质

蛋白质是含有碳、氢、氧、氮和硫的复杂的有机化合物，它是一切生命的物质基础，由氨基酸组成。土鸡的肌肉、皮肤、羽毛、神经、内脏器官，另外还有酶类、激素、抗体，均以蛋白质为主要组成成分。饲料中的蛋白质是土鸡所需蛋白质的唯一来源。

蛋白质的营养价值取决于氨基酸的组成，构成蛋白质的氨基酸有 20 多种，可分为必需氨基酸和非必需氨基酸两类。

在鸡体内不能合成或合成的速度慢，合成的数量少而不能满足机体的需要，必须由饲料中供给的氨基酸称为必需氨基酸。土鸡所必需的氨基酸共有 13 种：赖氨酸、蛋氨酸、异亮氨酸、精氨酸、色氨酸、苏氨酸、苯丙氨酸、组氨酸、亮氨酸、缬氨酸、胱氨酸、酪氨酸、甘氨酸等。其中赖氨酸、蛋氨酸、胱氨酸和色氨酸尤其重要。因为在植物性蛋白质饲料中，这 4 种氨基酸含量太少，限制了其他氨基酸的利用，称为限制性氨基酸。如饲料中某一限制性氨基酸达到其营养需要的 50%，那么饲料中蛋白质利用率也只能达 50%。因此蛋白质的供给要质、量并重。

在鸡体内能用其他氨基酸或非蛋白氮合成，不必由饲料中供给的氨基酸，称为非必需氨基酸。不同种类的饲料，其各种氨基酸的含量也不相同，动物性蛋白质饲料的氨基酸齐全，富含限制性氨基酸，而植物性蛋白质饲料的品质较差，缺乏限制性氨基酸。因此在配制日粮时常用植物蛋白质和动物性蛋白质互相搭配，并在条件允许的情况下使饲料种类尽可能多样化，可使日粮中必需氨基酸之间取长补短，互相补充，达到平衡。同时，也要注意用添加剂的形式，添加限制性氨基酸，这样才能充分提高氨基酸的利用率和饲料的营养价值。

确定蛋白质需要量时，首先应明确日粮的能量水平，因日粮的能量水平决定采食量的多少。不同的生长阶段或生产阶段，不同年龄及环境温度的变化，饲料中所需能量水平均不相同。试验证明，当日粮能量能满足机体需要而蛋白质不足时，机体能量消耗增加；相反，当日粮能量不足而蛋白质过剩时，机体则分解蛋白质补充能量，从而降低了蛋白质利用率，增加了成本支出，也造成了蛋白质浪费。

（四）脂肪

脂肪是鸡体细胞的重要组成成分，如神经、血液、肌肉、骨骼、皮肤等都含有脂肪，又是鸡蛋的组成成分，约占蛋重的 10%。脂肪是脂溶性维生素（维生素 A、维生素 D、维生素 E、维生素 K）和激素（雌素酮、雄素酮等）的溶剂，这些维生素和激素只能溶解在脂肪中。所以它在鸡体内的吸收和利用，都要借助于脂肪来完成。脂肪还有固定脏器、防止机械损伤的作用。

鸡可将体内的碳水化合物转化为脂肪，不需要饲料供给，但有些脂肪酸必需由饲料供给，它们体内不能合成，称为必需脂肪酸。亚油酸和亚麻油酸最重要，一般加 2% 植物油就不会缺乏。

脂肪不足时，会引起生长迟缓、性成熟延后、产蛋率下降等。相反，脂肪过多则会引起食欲不振、消化不良、下痢等。由于一般饲料中都含有一定数量的粗脂肪，且饲料中的粗蛋白质和碳水化合物还有一部分可转化为脂肪，所以在土鸡饲粮中，一般不另外添加脂肪。

（五）维生素

维生素是机体内不可缺少的一种特殊的营养物质，大多数维生素在鸡体内不能合成，需要由饲料提供。维生素都有其特殊的功能，缺乏会引起不同的症状。过多一般无毒性作用。根据维生素亲水、亲脂不同，维生素可分为水溶性（B 族维生素、维生素 C）和脂溶性维生素（维生素 A、维生素 D、维生素 E、维生素 K）两种。

1. 维生素 A

维生素 A 是脂溶性维生素的一种，包括视黄醇、视黄醛、视黄酸等。它是鸡维持视觉功能和维持消化道、呼吸道、肠道等黏膜结构的完整、骨骼生长等所必需的物质。鸡的维生素 A 的最低需要量一般在 1 000~5 000IU，主要来源于动物性饲料中，如：鱼肝油。而植物性饲料如：青菜、玉米、胡萝卜等含维生素 A 原，在鸡体内可转化为维生素 A。维生素 A 缺乏会导致夜盲症，土鸡雏鸡出现精神萎靡、生长迟缓、逐渐消瘦、干眼症、抵抗力下降等；成年鸡表现为鸡冠发白，眼、鼻中流出水样分泌物，上下眼睑连在一起，严重的引起失明（图 3-1 至图 3-3）。母鸡产蛋率下降，公鸡出现精液质量下降，种蛋质量下降。维生素 A 过量（超过 50 倍以上）易引起鸡中毒，引起神经症状。维生素 A 在空气中容易被氧化破坏，应注意豆类应炒熟后使用，全价料不宜长久存放，并注意防止霉变。维生素 A

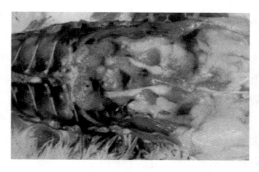

图 3-1   病鸡肾可见白色尿酸盐沉着

缺乏时可按维生素A正常需要量加大3倍拌料内服，如：鱼肝油、维生素 AD$_3$等，一般见效比较快。

图 3-2　病鸡瞬膜凸出

图 3-3　病鸡眼睑内有干酪样物

2.B族维生素

B族维生素属于水溶性维生素，种类广泛，包括以下几种。

（1）维生素 B$_1$　也叫硫胺素（也叫抗神经炎维生素，抗脚气病维生素）在鸡体内参与乙酰胆碱的合成，参与碳水化合物的代谢。一般饲料中可满足需要，但当饲料中的硫胺素遭到破坏时，可引起缺乏症。缺乏时会引起外周神经紊乱，典型雏鸡症状是头向背后弯曲呈"观星状"姿势（图3-4）。还伴有生长发育不良，采食减少，羽毛蓬乱，腿无力，步态不稳。成鸡发病鸡冠常呈蓝紫色，以后逐渐出现神经症状，严重的全身衰竭死亡。

图 3-4　维生素 B_1 缺乏病鸡头向后仰，呈观星状

（2）维生素 B_2　也叫核黄素，参与能量和蛋白质的代谢，参与氧化还原反应。一般动物性饲料和青饲料中含量很高，不容易缺乏，但易被碱、光等因素破坏。缺乏时雏鸡的典型症状为足跟关节肿胀，趾内向弯曲，甚至引起腿完全麻痹、瘫痪（蜷爪麻痹症，图 3-5）；成鸡缺乏时，会引起蛋的品质下降，影响受精率。

图 3-5　病鸡蜷爪

（3）维生素 B_3　也叫泛酸（遍多酸，鸡抗皮炎维生素），它是辅酶 A 的组成成分。辅酶 A 参与碳水化合物、脂肪和蛋白质的代谢，与皮肤和黏膜的正常功能等有很大的关系。泛酸广泛存在于植物和动物饲料中，如：麸皮、米糠、胡萝卜、饼类，很少缺乏。缺乏时雏鸡表现为生长迟缓，羽毛松乱，皮肤裂口、发炎、眼分泌黏液增加。成鸡引起蛋品质下降，孵化率降低。

（4）维生素 B_4　也叫胆碱，胆碱可作为卵磷脂的组成，维持细胞形态，还参与脂肪的代谢，可防止脂肪肝。动物物性饲料、饼粕类饲料内含胆碱十分丰富，一般饲料中应注意要添加。缺乏时表现为骨骼、关节畸形、肿大，伴有生长迟缓，羽毛松乱。

（5）维生素 B_5　也叫烟酸和烟酰胺（维生素 PP 或抗癞皮病维生素），是较稳定的维生素之一。它参与糖酵解、脂肪代谢、丙酮酸代谢等，并在维持皮肤和消化器官正常功能中起着重要作用。一般在青饲料、动物蛋白质饲料中含量丰富，鸡需要饲料中补充。缺乏容易引起鸡的胫骨短粗病（图 3-6），伴有生长迟缓、黏膜发炎和溃疡等，成鸡产蛋量下降。

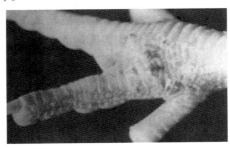

图 3-6　病鸡趾部皮肤粗糙、皱裂

（6）维生素 B_6　是吡哆醇、吡哆醛、吡哆胺的总称，参与氨基酸的合成与代谢，参与碳水化合物和脂肪的代谢。在谷物、豆类、种子外皮中含量比较丰富，雏鸡容易缺乏。缺乏时会出现发育受阻、脱毛、皮炎，有时有神经症状，成鸡产蛋率下降，孵化率降低。

（7）维生素 B_7　也叫维生素 H（生物素、辅酶 R），参与脂肪、碳水化合物、蛋白质、氨基酸、核酸等代谢，并维持生殖系统和神经系统正常发育和健康。一般蛋白质饲料中富含生物素，特别是花生，但鸡的利用率不高，需要饲料中补充。缺乏时容易引起鸡的皮炎，爪变形，发生龟裂，发生脂肪肝综合征（图 3-7）。成鸡产蛋率下降，孵化率降低。

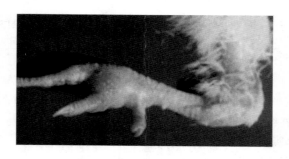

图 3-7　病鸡爪变形

（8）维生素 B_{11}　也叫叶酸，主要参与嘌呤、嘧啶的合成以及某些氨基酸的代谢，能促进免疫球蛋白的生成。一般饲料原料中富含叶酸，但鸡的利用率很低，需要饲料中补充。缺乏常会引起贫血，伴有生长发育受阻，被毛松乱等。成鸡蛋品质量下降。

（9）维生素 B_{12}　也叫氰钴胺素、钴胺素，在体内参与核酸和蛋白质的生物合成，与维生素 B_{11} 的作用相互联系。一般在动物性饲料和微生物发酵饲料中含量丰富，鸡需要饲料中补充。缺乏时引起鸡出现贫血，生长发育不良。

3. 维生素 C

维生素 C 又名抗坏血酸，它参与体内氧化还原反应及体内其他代谢，参与合成胶原等细胞间质，具有解毒作用和抗氧化作用。一般情况下饲料可以满足体内维生素 C 的需要，但当发生热应激、疾病等情况时，需要补充。缺乏时容易患坏血病，伴有生长发育不良，出现水肿等症状。

4. 维生素 D

维生素 D 又名丁种维生素、抗佝偻病维生素等，脂溶性维生素的一种，常见的两种主要形式是麦角钙化醇即 D_2 和胆钙化醇 D_3。维生素 D 的主要生理功能为调节钙和磷代谢。一般饲料中含维生素 D 较少，干草中含量多，需要饲料补充。缺乏时雏鸡的成骨作用发生障碍，出现佝偻症和软骨症，伴有发育不良，生长受阻；成鸡发生软骨症，蛋壳变薄，产蛋率下降（图 3-8）。过量的维生素 D 能引起血钙过高，使多余的钙沉积在心脏、血管等地方，导致心力衰竭，甚至死亡。

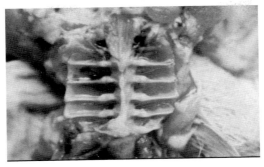

图 3-8 维生素 D 缺乏的病鸡肋骨椎端呈球状膨大

5. 维生素 E

维生素 E 又名生育酚、抗不育维生素，属于脂溶性维生素，是一种生物抗氧化剂，与硒有协同作用，可以阻止脂肪酸和其他易氧化物的氧比，保护生物膜的完整，维持红细胞和毛细血管的稳定与完整等。维生素 E 还可促进性腺发育，提高鸡的免疫力，提高产蛋率。一般青饲料和谷类饲料富含维生素 E，但应激状态时，需要饲料补充。缺乏时，主要引起肌肉发育不良，典型症状为"白肌病"，长期缺乏病鸡出现瘫痪和脑软化症，最后心力衰竭而死亡（图 3-9、图 3-10）。

图 3-9 病鸡瘫痪，出现神经症状

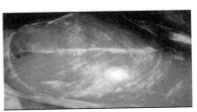

图 3-10 病鸡肌纤维变性、发白，称为"白肌病"

6. 维生素 K

维生素 K 又名凝血维生素或抗出血维生素，脂溶性维生素的一种，其主要生理功能是促进肝脏合成凝血酶和凝血因子，并激活从而参与凝血过程。一般体内可以合成，不需要饲料中添加。但是在鸡断喙的时候，需要添加。缺乏会导致血凝不良，出现皮下紫斑，过多会引起贫血。

（六）矿物质

矿物质是土鸡营养中的无机营养素，是鸡骨骼、羽毛、血液等组织不可缺少的部分。一般放牧的时候不容易缺乏，但是假如地方性缺乏，则容易缺，比如：缺硒、钴等，需要在饲料中补充。

在土鸡体内含量不小于 0.01% 的矿物质称为常量元素，包括钙、磷、钠、钾、镁、氯、硫等；含量小于 0.01% 的矿物质称为微量元素，包括铜、铁、锰、锌、硒、碘、钴等。

1. 钙和磷

钙、磷是鸡需要量最多的两种矿物质元素，二者约占体内矿物质元素总量的 70%，它们主要构成骨骼。另外钙还是蛋壳的主要成分，还参与神经传导、肌肉收缩、促进血液凝固等。磷也是构成蛋壳和蛋黄的原料，磷还参与体内能量代谢、钙的吸收利用以及维持酸碱平衡。缺钙、磷时，雏鸡出现生长停滞，逐渐消瘦，容易出现异食癖；成鸡佝偻病、软骨病、骨质疏松症，产蛋率下降，产薄壳蛋或软壳蛋。

不同生长阶段的鸡对钙、磷的需要量是不同的，一般鸡开始产蛋后对钙、磷的需要量随产蛋率增加而增加，特别是钙，一般产蛋鸡饲粮中钙的含量为 3.0%~4.0%。但也不是含钙量愈多愈好，如超过需要量，则影响鸡对镁、锰、锌等元素的吸收，对鸡的生长发育和生产也不利。钙、磷在贝粉、石粉、骨粉等矿物质饲料中含量丰富，因此，在配合饲粮时，要注意添加含钙、磷量多的矿物质饲料。植物性饲料中磷鸡只能利用 30% 左右。

钙和磷有着密切的关系，在一般情况下，钙、磷的正常比例应为

（1~2）：1范围，产蛋鸡为4：1或更宽些。另外，在配合饲粮中，如果饲粮中维生素D缺乏时，会影响钙、磷吸收。即使饲粮中钙、磷充足且比例适当，鸡也会出现一系列缺乏钙、磷的症状。

2.镁

镁在鸡体主要存在于骨骼中，此外镁还分布于软组织和细胞外液中。还参与蛋白质合成，可调节神经和肌肉的兴奋性，又是一些酶类的活化剂。缺乏镁时，鸡生长发育不良。但过多则扰乱钙、磷平衡，导致下痢。在一般情况下，每千克饲粮中应含镁200~600mg。植物性饲料中镁的含量丰富，一般饲粮中的含镁量可以满足鸡的需要。

3.硫

鸡体内含硫约为0.15%，它以含硫氨基酸的形式参与羽毛、喙、爪等角质蛋白的合成，还参与碳水化合物代谢。饲料中一般都含有丰富的硫，不需要另外补充饲料。硫缺乏时土鸡出现生长缓慢、羽毛蓬乱、脱羽等。

4.钾、钠、氯

它们都是体内的电解质，主要作用是：在维持细胞渗透压的稳定和调节酸碱平衡方面参与水的代谢。此外，钾还参与蛋白质和糖的代谢，并具有促进神经和肌肉兴奋性的作用。缺钾时，鸡食欲减退，精神委顿，甚至出现弛缓性瘫痪。一般情况下饲料中含有丰富的钾，可以满足鸡的需要。放养土鸡中应注意适当添加食盐，以补充钠和氯，缺乏容易形成啄癖，过量容易出现食盐中毒。一般添加量为0.3%左右。

5.铁

铁在机体内以有机化合物形式存在，如血红蛋白、肌红蛋白、细胞色素和多种氧化酶等。铁主要参与氧和二氧化碳的转运，还与鸡体造血机能、羽毛色素的形成及生长发育有着密切关系。土鸡缺铁时会发生贫血，发育不良，产蛋率下降。一般饲粮中可满足鸡生长需要，含铁40~80mg/kg。若饲粮中缺铜或维生素B_6，则影响铁的吸收利用，易发生铁缺乏症。

6.铜

铜主要作为酶的成分参与体内代谢，还参与机体造血过程、促进铁在肠道吸收、血红蛋白合成与红细胞的生成，还参与骨的形成，维持血管弹性等。鸡对铜的需求很少，约4mg/kg饲粮。土鸡雏鸡缺铜时会出现共济失调、骨质疏松、被毛粗乱等症状，成鸡出现贫血、羽毛褪色、瘫痪等。高铜暂时会有促生长作用，但长时间会造成黄疸，甚至死亡。

7.锌

锌分布在鸡体的肝、肾、肌肉、骨、皮毛等组织中，是鸡体内多种酶类、激素和胰岛素的组成成分。其主要功能是：参与碳水化合物、蛋白质和脂肪的代谢，骨胶原的合成，与胰岛素形成复合物，利于其发挥，与皮肤和羽毛的生长密切相关。一般鸡饲粮应含锌35~65mg/kg，锌在鱼粉、肉骨粉和糠麸中含量较多，一般配合饲料可以满足土鸡生长需要。缺锌时，土鸡表现为生长发育缓慢，羽毛生长不良，诱发皮炎，尤其是趾上出现鳞片，有时出现啄癖。产蛋期鸡产蛋量减少，出现畸形蛋。含锌过多，会影响铁和铜的吸收利用，如果超过需要量的10倍以上，可出现中毒反应，鸡生长受阻，免疫力降低，严重的死亡。

8.锰

锰存在于鸡体内的血液和肝脏及其他组织、骨骼中，锰在鸡体内主要是抗氧化作用，参与碳水化合物、蛋白质和脂肪的代谢，增加骨的强度。一般鸡饲粮约需要含锰55mg/kg，在谷物、饼类、糠麸、鱼粉等饲料原料中都含锰。但一般满足不了需求量，需要另外添加，在饲料中每吨可添加硫酸锰242g。缺锰时鸡容易患骨短粗症或"滑腱症"，表现为胫骨与跗骨接头处肿胀，使腓肠肌腱从骨踝滑出，严重时病鸡不能站立，甚至死亡；成鸡缺锰产蛋量减少，蛋壳变薄，产畸形蛋。鸡对过量的锰有较强的耐受性，据试验，超过需求量20倍短时期无明显中毒现象。

9.硒

硒存在于鸡体内的肾、肝、肌肉等器官组织的细胞中，硒主要功能是抗氧化和保护细胞膜不受氧化损伤。还可影响蛋白质的合成，促进脂类的吸收，提高免疫等作用。一般饲料约含硒 0.1mg/kg，饲料需要补充硒，特别是在一些缺硒的地区。缺硒时，鸡生长发育受阻，肌肉营养不良，出现明显的白色条纹，俗称"白肌病"。还可引起鸡免疫力下降，产蛋期产蛋下降。硒的某些作用与维生素 E 具有交叉性，一般饲料中可添加亚硒酸钠维生素 E。

10. 碘

碘主要存在于鸡体内的甲状腺，并参与甲状腺的合成。一般饲料中约含碘 0.3mg/kg，需要另外添加。缺碘时会影响甲状腺的合成，出现甲状腺素缺乏症。主要表现为：畏寒，脂肪沉积加快，严重时出现甲状腺肿大。过量时，病鸡易脱毛，易患各种传染病。

11. 钴

钴存在于鸡体内的肝、肾、骨等组织器官中，是维生素 B_{12} 的组成成分之一，是鸡生长发育和维持健康不可缺少的元素之一。大多数饲料均含有微量的钴，一般可以满足鸡的营养需要，不需要另外添加。饲粮中缺钴和缺维生素 B_{12} 症状相同，引起贫血症。

二、土鸡的饲养标准及常用饲料

（一）土鸡的饲养标准

土鸡的饲养标准是根据土鸡的不同品种、年龄、体重、生产用途和生产水平，结合饲养实验，科学地规定土鸡所需日粮的能量水平、蛋白质水平以及其他各种营养物质的最低需要量，以及这些营养物质需要量之间的比例关系。土鸡的饲养标准是设计饲料的重要依据，但也不是一成不变的，由于自然条件、管理水平等的差异性，决定了广大土鸡饲养户应根据本地区的实际情况和生产实践，不断地修改、充实、完善，以便更适合当地土鸡的生长发育和生产需要。

按照饲养标准的规定进行土鸡的饲养，可避免饲养中的盲目性，有利于充分发挥生产能力，节省饲料开支，降低生产成本，以最少的饲料投入获得最大的经济效益。

土鸡饲养标准包括各种营养的需要量和各种饲料的营养价值部分。土鸡建议饲养标准见表 3-1。

表 3-1　土鸡建议饲养标准

项目	0~9周龄	10~20周龄	21~28周龄	产蛋 50%以下	产蛋 50%以上
代谢能（MJ/kg）	11.92	11.72	11.30	11.50	11.50
粗蛋白质（%）	18	16	12	14	15
蛋氨酸（%）	0.30	0.27	0.20	0.30	0.35
蛋氨酸＋胱氨酸（%）	0.60	0.53	0.40	0.55	0.63
赖氨酸（%）	0.85	0.64	0.45	0.65	0.70
粗纤维（%）	3.5	4	6	4.5	4
钙（%）	0.8	0.7	0.6	3.0	3.2
有效磷（%）	0.4	0.35	0.30	0.32	0.32
食盐（%）	0.37	0.37	0.37	0.37	0.37

在制定饲料配方时，最好使用原料产地的饲料营养价值表，如有条件应将所用原料进行逐一化验分析，但在各种条件不具备的情况下，只有参考营养价值表。

（二）土鸡常用的饲料

1. 青绿饲料

青绿饲料是指水分含量为 60% 以上的饲料、树叶类及非淀粉质的块根、块茎、瓜果类。青绿饲料富含胡萝卜和 B 族维生素，并含有一些微量元素，适口性好，对鸡的生长、产蛋及维持健康均有很好作用。

常见的青绿饲料有白菜、甘蓝、野菜（如苦荬菜、鹅食菜、蒲公英等）、苜蓿草、洋槐叶、胡萝卜、牧草等。

芹菜（图 3-11）是一种良好的喂鸡饲料，每周喂芹菜 3 次，每次 50g 左右。用南瓜作辅料喂母鸡，产蛋量可显著增加，且蛋大、孵化率高。

图 3-11 芹菜

图 3-12 散养鸡采食青草

鸡放养时能自由采食到青草、野菜、草芽等（图 3-12）。若补充谷物饲料以及钙、磷、食盐等，鸡只也有较好的生产性能。

2. 能量饲料

饲料干物质中蛋白质含量低于 20%，纤维素低于 8% 的饲料都属于能量饲料。此类饲料富含淀粉、糖类，包括谷物籽实类、糠麸类、块根、块茎以及瓜类。

（1）玉米 含能量高，纤维少，而且产量高，价格便宜，是土鸡日粮中使用最广泛和用量最大的能量饲料。黄玉米的叶黄素和胡萝卜素多，有利于蛋黄和皮肤的着色。其用量可占日粮 35%~65%。不足之处是钙、磷、B 族维生素和蛋白质含量低，且蛋白质品质差，缺乏赖氨酸和蛋氨酸。

（2）高粱 脱壳高粱能量含量与玉米相似，粗蛋白质含量较玉米稍高，脂肪较玉米低，缺乏胡萝卜素和维生素 D，单宁含量高，味苦，适口性差，一般在配合饲料用量不要超过 20%。

（3）麦类 包括小麦、大麦和燕麦。麦类含能量较高，仅次于玉米，粗蛋白质含量比玉米稍高，品质较优。大麦和燕麦比小麦能量低，B 族维生素含量丰富，只是皮壳粗硬，不易消化，宜磨碎或发芽后饲喂。麦类用量可占日粮的 10%~30%。

（4）小米及碎大米 淀粉含量高，纤维含量低易于消化，便于雏鸡的啄食，是民间饲喂土雏鸡的最好饲料。缺点与玉米相似。

（5）小麦麸和米糠　粗蛋白质、锰和 B 族维生素含量较高。但其能量低、粗纤维含量高，体积大，喂土鸡用量不宜过多，雏鸡 8% 左右，成年鸡 5% 左右。

3. 蛋白质饲料

凡干物质中粗蛋白质含量在 20% 以上，粗纤维含量在 18% 以下的饲料都是蛋白质饲料。蛋白质饲料分为植物性蛋白质饲料、动物性蛋白饲料和单细胞蛋白质饲料三大类。

（1）植物性蛋白质饲料

① 豆饼（粕）。大豆压榨法取油后的副产品称大豆饼，大豆浸取法取油后的副产品称为大豆粕。由于大豆粕的含油量比大豆饼低，所以粗蛋白质的含量就高些，代谢能就低些。

目前，市场上出售的大豆粕有一次粕和二次粕两种。一次粕的热处理程度较低，色泽较淡，其中的抗营养因子尚保持有较高的活性，故应与二次粕配合应用或控制其用量。如要大量应用必须重新进行加热处理。二次粕的热处理强度较大，呈棕黄色，抗营养因子的活性一般在 15% 以下，可放心使用。

豆饼（粕）蛋白质含量及蛋白质的营养价值都很高，适口性好，赖氨酸和 B 族维生素含量也很丰富。豆粕蛋白质营养价值较豆饼高，但能量水平低。用量可占饲粮的 10%~20%。

② 花生饼（粕）。花生取油后的副产品。以压榨法取油后的副产品呈瓦片状，称花生饼；以溶剂浸提法取油后的副产品呈颗粒状，称为花生粕。花生饼（粕）的营养价值不但因加工的工艺不同而不同，而且还与花生是否脱壳密切相关。带壳榨油的花生饼（粕），其粗纤维含量高达 25% 左右，只能用于饲喂草食动物，而不宜饲喂鸡；花生脱壳后榨油所得的花生饼（粕），其粗纤维含量仅有 5%~9%，平均为 5.3%，可用来饲喂鸡。

花生饼（粕）的特点是蛋白质含量较高，与大豆饼（粕）相似，适口性好，蛋氨酸含量较高，但赖氨酸、色氨酸含量低，且脂肪含量偏高，易霉变，其霉变物中含有毒性极强的黄曲霉素，不宜饲喂土鸡。故贮存花生饼（粕）时，应注意防潮和太阳直射。使用时应与豆饼及动物性饲料联合使用，用量可占饲粮的 10%~20%。

③ 菜籽饼（粕）。菜籽饼是油菜籽经压榨、取油后的副产品；菜籽粕则是预榨、浸提取油后的副产品。菜籽饼（粕）含有 30%~40% 的粗蛋白质，氨基酸含量的特点是含硫氨基酸的含量比较丰富，比大豆饼（粕）和棉籽饼（粕）都高。菜籽饼（粕）有苦涩和辛辣味，适口性较差，饲料中搭配过多，会影响鸡的采食量。

菜籽饼（粕）中含有 6% 左右的芥子苷，家鸡摄入后在芥子酶的作用下可发生水解，对鸡产生毒害作用。菜籽饼（粕）的脱毒方法有坑埋法、水浸法、微生物发酵法、高温处理法、碱处理法、铁盐处理法等。然而不管哪种脱毒方法都需要一定的人力和物力的投入，在生产实践中较少使用。

④ 棉籽饼（粕）。棉籽饼是用小型榨油机将棉籽榨油后，所得到的副产品，养鸡生产中较少采用；棉籽粕是以预榨、浸提法取油后的副产品，其品质较好，粗蛋白质含量可达 40% 左右。但随脱皮壳的程度不同，其营养成分也有差异。棉籽饼中含棉籽皮壳越少，粗蛋白质含量越高，游离棉酚含量越低，其品质也就越好。去毒棉籽饼一般不超过饲喂量 8%，如用作种鸡饲料则要控制在 4% 以下。

⑤ 其他植物性蛋白质饲料。向日葵饼、芝麻饼和亚麻仁饼都可作为土鸡的蛋白质饲料，用量可占日粮的 5%~10%。亚麻饼如用温水浸泡会产生剧毒氢氰酸，导致土鸡中毒，这些在饲喂时应特别注意。

（2）动物性蛋白质饲料

① 鱼粉。鱼粉（图 3-13）是最理想的动物性蛋白饲料，其蛋白质含量多，氨基酸组成完善，尤其是限制性氨基酸含量丰富，钙、磷、B 族维生素含量高，但由于鱼粉价格太高，用量一般控制在 3%~7%。同时在使用鱼粉时，要注意其品质的区

图 3-13　鱼粉

别，还要注意其含盐量、存放时间、是否生虫或腐败。

② 肉骨粉。肉骨粉（图3-14）品质较鱼粉差，其成分因肉、骨、内脏的比例不同而有很大差别，雏鸡用量不超过5%，成年鸡可达5%~10%。腐败变质的不宜使用。

图3-14 肉骨粉

③ 蚕蛹。蚕蛹（图3-15）的蛋白质含量高，脂肪含量丰富，但因有腥臭味，长期大量使用对土鸡肉质有影响，用量不宜过高，以占饲粮的3%~5%为宜。

图3-15 蚕蛹　　　　　　　**图3-16 血粉**

④ 血粉。血粉（图3-16）的蛋白质含量极高，但氨基酸不平衡，且不易消化，利用率低，雏鸡最好不用，成年鸡应控制在5%以下。

⑤ 其他动物性蛋白质饲料。其他动物性蛋白质饲料如蚯蚓（图

3–17)、小鱼虾、蚌、螺、肉类加工下脚料等，经过加工处理后都可作为土鸡的动物性蛋白质的补充饲料。

图 3–17　蚯蚓

（3）单细胞蛋白质饲料　单细胞蛋白质饲料主要是酵母，其蛋白质含量 40%~45%，富含 B 族维生素，在配合饲料中可占 5% 左右（图 3–18）。

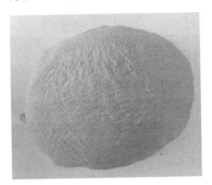

图 3–18　饲料酵母粉

4.矿物质饲料

矿物质饲料是满足土鸡对钙、磷、锰、锌、氯、钠等矿物质元素需要的饲料，它用量较少，却是土鸡生命活动不可缺少的物质。

（1）骨粉　骨粉为优良的钙、磷饲料，比例适当，利用率高，以蒸骨粉最好。骨粉喂量占饲料的 1%~1.5%（图 3-19）。

图 3-19　骨粉

（2）贝壳、石灰石粉、蛋壳　贝壳粉（图 3-20）是最好的矿物质饲料，含钙多，易于吸收。石灰石粉（图 3-21）是天然碳酸钙，其含钙量在 35% 左右，且价格便宜。蛋壳经清洗、煮沸处理后，亦是很好的钙质饲料。

图 3-20　贝壳粉

图 3-21　石灰石粉

（3）磷酸钙和磷酸氢钙　磷酸钙和磷酸氢钙是优良的磷、钙补充饲料，但天然磷矿石含氟量高，应做脱氟处理，含氟量在 400mg/kg 以下方可使用。磷酸钙用量占饲料量 1%~1.5%。

（4）食盐　食盐是钠和氯的来源，雏鸡用量 0.25%~0.3%，成年鸡 0.3%~0.4%，如饲料中使用的鱼粉含盐量高时，应注意减少食盐的用量，以免造成过量中毒。

（5）沙粒 沙粒虽不能消化利用，但在土鸡肌胃内能提高肌胃的研磨力，除散养土鸡外，笼养及冬季舍饲的土鸡要补给沙粒。每 100 只鸡一个月应补喂 250g 沙粒。

5. 维生素饲料

对于散放饲养及未使用添加剂的土鸡场，青绿饲料和干草粉是主要的维生素来源。由于土鸡对粗纤维的消化能力较弱，因此，所使用的青绿饲料应该是一些细嫩易消化的蔬菜、牧草等。青绿饲料中胡萝卜素和某些 B 族维生素丰富，并含有一些微量元素，适口性好，易消化，土鸡喜食。用量可占精料的 20%~30%，小型饲养场饲养土鸡时，利用 2~3 种青绿饲料混合饲喂，即可满足维生素的需要。大型饲养场，就要用维生素添加剂来满足土鸡的维生素需要。

6. 添加剂饲料

添加剂饲料种类很多，可分为营养性添加剂和非营养性添加剂两大类。

营养性添加剂包括维生素添加剂（图 3-22）、微量元素添加剂（图 3-23）和氨基酸添加剂。微量元素和维生素添加剂一般按饲养标准的要求量添加，在鸡群患病或处于逆境时，某些维生素需要量增

图 3-22 维生素添加剂

图 3-23 微量元素添加剂

加，称为抗逆境添加剂，专用于运输、转群、注射疫苗时添加。氨基酸添加剂主要有人工合成的蛋氨酸和赖氨酸，在饲喂缺乏动物性蛋白质的饲料时，添加蛋氨酸和赖氨酸可大大提高饲料蛋白质的利用率。

非营养性添加剂包括抗生素、抗寄生虫剂、抗氧化剂、防腐剂以及增加蛋黄和皮肤颜色的着色剂。抗菌添加剂具有增强抗病力、促进生长、提高饲料利用率的作用。在使用过程中，常交叉使用，防止产生耐药性，并在屠宰前2~3周停止使用。常用的抗生素有：杆菌肽锌、土霉素、泰乐霉素、硫酸黏杆菌素等。抗球虫剂多用于2~3月龄前的土鸡饲料中，具有预防和治疗土鸡球虫病的作用。抗氧化剂和防腐剂只在配合饲料保存期过长时添加。

添加剂用量甚微，必须预先用扩散剂（如玉米面）混合后再放入配合饲料中，充分混匀，以防发生营养欠缺，药量不佳，甚至中毒。维生素添加剂不能和矿物质添加剂混在一起，容易造成维生素失效。

（三）其他饲料的开发

1. 苜蓿草粉喂鸡

苜蓿草粉含粗蛋白质 15%~20%，还含有维生素 A、维生素 B_1、维生素 B_6、维生素 C、维生素 E、维生素 K 以及钙、钾、铁、锌等（图3-24）。

图 3-24　苜蓿和苜蓿草粉

（1）收割　生产草粉的苜蓿第一次最适刈割时期为现蕾初期，以后各次刈割应在现蕾末期至初花期，选择晴朗天气刈割。

（2）干燥　苜蓿收割后在原地或另选地势高燥处晾晒至干燥。

（3）粉碎　干燥后的苜蓿用锤式粉碎机粉碎，粉碎后过 1.6~3.2mm 筛孔的筛，制成干草粉。

（4）包装　苜蓿草粉应装在麻袋或牛皮纸袋中，为使干草粉中的胡萝卜素不受光线照射而氧化损失，最好用黑色牛皮纸袋包装，苜蓿草粉应保存在干燥、避光，通风良好，无鼠害的仓库内。

苜蓿草粉用量可占鸡添加料的 2%~5%。

2. 松针叶粉喂鸡

松针叶粉（图3-25）是用松树的针叶加工而成。常用的松树有马尾松（图3-26）、油松（图3-27）等多种。松针粉中含有多种氨基酸、微量元素，能有效的刺激蛋鸡的排卵功能，提高产蛋率，在产蛋鸡日粮中添加 3%~5% 的松针粉，产蛋量可以提高 6.1%~13.8%；饲料利用率提高 15.1%，产蛋重量提高 2.9%，受精率提高 1.0%，而且蛋黄颜色较深；在肉鸡日粮中添加 3%~5% 松针粉，日增重可以提高 8.1%~12.0%，饲料回报率提高 8.4%。同时，松针粉中含有植物杀菌素和维生素，具有防病抗病的功效，能有效的抵御蛋鸡疾病的发生。在雏鸡日粮中添加 2% 松针叶粉，可提高抗病力和成活率。

图3-25　松针叶粉

加工松针叶粉，可分为采集、干燥、粉碎、包装四道工序。

（1）采集　对松树针叶的采集，一年四季都可进行。可结合松树采伐、修枝等进行采集。

（2）干燥　对采集到的松树针叶，剔除树枝、杂物后，放在遮阳通风处摊开，厚度为 5~8cm，让其自然干燥。约经 10 天使含水量降至 12% 以下，有烘干设备的可以将其烘干。松树针叶在干燥后，其重量约占鲜叶的 50%。

图 3-26 马尾松

图 3-27 油松

（3）粉碎 将经过干燥的松树针叶用粉碎机进行粉碎，并过筛，其粉末即为成品，其质地松软，呈绿色。

（4）包装 对加工好的松针叶粉，用尼龙袋密封包装，储藏于通风、干燥、避光处。最好是边加工边使用，以免变质。

3. 中草药喂鸡

有些中草药是鸡的天然饲料，适口性好，可起到增加食欲补充营养物质及促进生长等作用。常用的中草药添加剂如下。

（1）艾叶 艾叶（图 3-28）含有丰富的蛋白质、多种维生素、氨基酸和抗生素物质。一般鸡饲料中可添加 2%~5% 的艾叶粉。

图 3-28 艾叶

（2）苍术 在鸡饲料中添加 2%~5% 苍术粉（图 3-29）可以防

治鸡传染性支气管炎、鸡痘、传染性鼻炎等疾病。

图 3-29　苍术和苍术粉

（3）黄芪　黄芪富含糖类、胆碱和多种氨基酸，还含有微量元素硒（图 3-30）。能助阳气壮筋骨，长肉补血，抑菌消炎，对痢疾杆菌、炭疽杆菌、白喉杆菌、葡萄球菌、链球菌、肺炎链球菌等均有抗菌能力，雏鸡日粮中可添加 0.2g 黄芪粉。

图 3-30　黄芪和黄芪粉

（4）大蒜　大蒜（图 3-31）含有大蒜素，既有抗菌作用，又有驱虫功效。一般鸡饲料中可加入 0.2%~1% 大蒜粉。

（5）青蒿　青蒿（图 3-32）富含维生素 A、青蒿素、苦味素等，可抗原虫和真菌，在鸡饲料中添加 5% 青蒿粉（图 3-32），可有效防治球虫病，提高雏鸡成活率。

图 3-31　大蒜

图 3-32 青蒿和青蒿粉

（6）刺五加 在每千克鸡饲料中添加 0.15g 刺五加粉（图 3-33），产蛋率可提高 5%，并能防治鸡产蛋疲劳症和病毒性关节炎等疾病。

图 3-33 刺五加和刺五加粉

（7）桉叶 在鸡饲料中加入 2%~3% 桉叶粉（图 3-34），可预防鸡喉气管炎、硬嗉囊、嗉囊下垂等疾病，还可增强鸡体抵抗力。

图 3-34 桉叶和桉叶粉

（8）陈皮　在鸡饲料中加入
3%~5%陈皮粉，可增进鸡的食
欲，促进生长和提高抗病力（图
3-35）。

（9）甘草　在鸡饲料中添加
3%的甘草粉，对防治咽炎、支
气管炎、鸡白痢等有良好效果
（图3-36）。

图 3-35　陈皮

图 3-36　甘草

（10）蒲公英　在鸡饲料中添加2%~3%的蒲公英干草粉能健胃、
增加食欲，促进鸡生长，产蛋率也可提高12%（图3-37）。

图 3-37　蒲公英

4.育虫喂鸡

为补充散养鸡蛋白质不足，可在养殖场附近人工养殖蝇蛆等供鸡采食。饲料中加10%的虫子，土鸡增重可提高15%，土蛋鸡产蛋率可提高25%，下面介绍一些简单的培育法。

（1）畜粪育虫

① 马粪育虫。在散养区挖一长、宽各1~2m，深0.3m的土坑，底铺一层碎杂草，草上铺一层马粪，粪上再撒一层麦糠，如此一层一层铺至坑满为止，最后盖层草，坑中每天浇水1次，经1周左右即生虫。

② 猪粪发酵育虫。每500kg猪粪晒至七成干后加入20%肥泥和3%麦糠或米糠拌匀，堆成堆后用塑料薄膜封严发酵7天左右。在散养区挖一深50cm土坑，将以上发酵料平铺于坑内30~40cm厚，上用青草、草帘、麻袋等盖好，保持潮湿，20天左右即生蛆、虫、蚯蚓等。

③ 牛粪育虫。在牛粪中加入10%米糠和5%麦糠拌匀，堆在阴凉处，上盖杂草、秸秆等，用污泥密封，过20天即生虫。

（2）豆腐渣育虫　把1~2kg豆腐渣倒入缸内，再倒入一些洗米水，盖好缸口，过5~6天即生虫，再过3~4天即可让鸡采食蛆虫。

（3）米糠育虫　在散养区角落处堆放两堆米糠，然后用草泥（碎草与稀泥巴混合而成）糊起来，数天后即生虫。轮流让鸡采食，食完后再将麦糠等集中成堆照样糊草泥，又可生虫。

（4）腐草育虫　在散养区挖宽约1.5m、长1.8m、深0.5m的土坑，底铺一层稻草，其上铺一层豆腐渣，然后再盖层牛粪，粪上盖一层污泥，如此铺至坑满为止，最后盖草，1周即可生虫。

（5）稻草育虫　在散养区挖宽0.6m、深0.3m的长方形土坑，将稻草切成6~7cm长，用水煮1~2h，捞出倒入坑内。上面盖6~7cm厚的污泥（水沟泥或塘泥等）、垃圾等，最后再用污泥压实，每天浇一盆洗米水，约8天即生虫。翻开让鸡啄食即可，食完后再盖好污泥等照样浇洗米水，可继续生虫。

5.人工养殖蚯蚓

蚯蚓含有丰富的蛋白质，适口性好、诱食性强，是鸡的优质蛋白饲料，蚯蚓粪中有 22.5% 的粗蛋白质、丰富的粗灰分、钙、磷、钾、维生素和 17 种氨基酸。据报道，把 90% 的蚯蚓粪、10% 的蚯蚓粉和少量微生物配成生物饲料，按 1%~5% 的最佳添加量，可使肉鸡球虫病，呼吸道、消化道疾病减少 50%，蛋鸡产蛋高峰期延长 25 天左右，鸡蛋个大、味香、红心（图 3-38）。

图 3-38　人工养殖蚯蚓

（1）简易养殖法　这种方法包括箱养、坑养、池养、棚养、温床养殖等，其具体做法是在容器、坑或池中分层加入饲料和肥土，料土相同，然后投放种蚯蚓。这种方法可利用鸡舍前后等空地以及旧容器、砖池、育苗温床等，来生产动物性蛋白质饲料，加工有机肥料，处理生活垃圾。其优点是就地取材、投资少、设备简单、管理方法简便，并可利用业余或辅助劳力，充分利用有机废物。

（2）田间养殖法　选用地势比较平坦，能灌能排的桑园、菜园、果园或饲料田，沿植物行间开沟槽，施入腐熟的有机肥料，上面用土覆盖 10cm 左右，放入蚯蚓进行养殖。经常注意灌溉或排水，保持土壤含水量在 30% 左右。冬天可在地面覆盖塑料薄膜保温，以便促进蚯蚓活动和繁殖能力。由于蚯蚓的大量活动，土壤疏松多孔，通透性能好，可以实行免耕，适宜于放养鸡的牧地养殖。

三、散养土鸡补充料配制

如果土鸡只喂单一饲料，或去土里刨食，仅靠吃虫子、蚂蚱、杂草、树叶，是不能满足优质土鸡的营养需要。0~30日龄雏鸡，无论采用何种饲养方式，都必须饲喂全价配合饲料，营养成分必须达到雏鸡饲养标准。如果仍采用传统的只喂小米、稻谷、玉米和青菜的方法育雏，则能量供应超标，维生素能够满足，蛋白质严重缺乏，矿物质（微量元素）不足，造成雏鸡生长缓慢，个体差异大，成活率降低，饲养期达不到增重的目标。

放养期是鸡生长发育的关键。放养时鸡只采食大量青绿饲料，粗纤维能满足，一般不喂糠麸。如果只喂能量饲料则造成鸡体型小，羽毛生长缓慢，甚至出现贫血，死亡率高。食盐是必不可缺少的微量元素，必须添加。如土质中缺乏某些微量元素，则应单独补加。冬季产蛋期，为了保证蛋黄色度和降低胆固醇，可在配合饲料中增加10%~20%的优质青饲料或添加5%的优质青干草。

（一）如何配制补充料

1.补充饲料的形状

补充饲料有粒料、粉料、颗粒饲料和碎料4种。

（1）粒料　是指保持原来形状的谷粒或加工打碎后的谷物饲料（图3-39）。

图3-39　粒料

图3-40　粉料

（2）粉料 是指谷物磨粉后加上糠麸、鱼粉、矿物质粉末等混合而成的粉状饲料（图3-40）。粉料的营养完善，鸡不宜挑食。但粉料适口性差一些，容易飞散，造成浪费。

（3）颗粒饲料 是将已配合好的粉料用颗粒机制成直径为2.5~5.0mm的颗粒（图3-41）。颗粒饲料营养完善，适口性强，鸡无法挑选，能避免偏食，防止浪费。颗粒饲料适于仔鸡快速育肥，蛋鸡一般不宜喂颗粒饲料。

图3-41 颗粒料

图3-42 碎料

（4）碎料 是将制成的颗粒再经加工破碎的饲料（图3-42），适于产蛋鸡和各种周龄的雏鸡喂用。

2. 补充料配制

散养鸡补充料原料大致比例见表3-2。

表3-2 散养鸡补充料原料大致比例 %

项目	育雏期	育成期	开产期	产蛋高峰期	其他产蛋期
能量饲料	69~71	70~72	58~70	64~66	65~68
植物性蛋白饲料	23~25	12~13	20~28	22~30	19~26
动物性蛋白饲料	1~2	2~3	2~3	3~5	2~3
矿物质饲料	2.5~3.0	2~3	5~7	9~10	8~9
植物油	0~1	0~1	0~1	2~3	1~2
限制性氨基酸	0.1~0.2	0~0.1	0.1~0.25	0.2~0.3	0.15~0.25
食盐	0.3	0.3	0.3	0.3	0.3
营养性添加剂	适量	适量	适量	适量	适量

3. 散养期补充料的饲喂方法

早晨少喂，晚上喂饱，中午酌情补喂。夏秋季节可以在鸡舍前安装灯泡诱虫，让鸡采食。遇到恶劣天气、阴雨天或冬天不能外出觅食时，要补饲一些配合饲料。补饲多少应该以野生饲料资源的多少而定。

一般来说，放养第1周早晚在舍内饲喂，中餐在休息棚内补饲1次。第2周开始，中餐可以免喂，饲喂量早餐由放养初期的足量减少至7成，6周龄以上的大鸡可以降至6成甚至更低些；晚餐一定要吃饱。营养标准由5周龄的全价料逐步转换为谷物杂粮，6周龄后全部换为谷物杂粮。这样人为地促使鸡在放养场中寻找食物，以增加鸡的活动量，采食更多的有机物和营养物，提高鸡的肉质。

（二）配制饲料的注意事项

1. 注意营养要全面

① 必须以鸡的饲养标准为依据，并结合饲养实践中鸡的生长与生产性能状况予以灵活应用。发现日粮中的营养水平偏低或偏高，应进行适当地调整。

② 应注意饲料的多样化，尽量多用几种饲料进行配合，这样有利于配制成营养完全的日粮，充分发挥各种饲料中蛋白质的互补作用，有利于提高日粮的消化率和营养物质的利用率。

③ 首先要满足鸡的能量需要，然后再考虑蛋白质，最后调整矿物质和维生素营养。

2. 注意了解所养品种鸡的生理特点

① 必须根据各类鸡的不同生理特点，选择适宜的饲料进行搭配，尤其要注意控制日粮中粗纤维的含量，以不超过5%为宜。

② 配制的补饲日粮应有良好的适口性。所用的饲料应质地良好，保证日粮无毒、无害、不苦、不涩、不霉、不污染。

③ 所用的饲料种类力求保持相对稳定，如需改变饲料种类和配合比例，应逐渐变化，给鸡一个适应过程。

3. 注意结合当地原料情况，力求经济实惠

在养鸡生产中饲料费用占很大比例，约占总费用的70%，因此配合补饲日粮时，应尽量做到就地取材，充分利用营养丰富、低廉的饲料来配合补饲日粮，以降低生产成本，提高经济效益。

第四章

山林果园土鸡育雏期（圈养期）关键饲养技术

一、育雏方式

（一）平面育雏

平面育雏常采用地面平养（图4-1）和网上平养（图4-2）的方式。

1.地面平养

将雏鸡饲养在地面上，根据房舍的不同可以用水泥地面、砖地面、土地面或炕面育雏，其中水泥地面较好，应用较为广泛。地面上铺设垫料，室内设有食槽和饮水器及保暖设备。此法投资少，但占地面积大，房舍利用率较低，管理不方便，特别对疾病防控不利，适于小规模的鸡场或养鸡户（图4-1）。

图4-1　地面平养

2.网上平养

利用网面代替地面进行育雏（图4-2）。可用金属丝、塑料、竹片制成网片，离地面一定高度（50~60cm）搭架。网孔面积 20mm×80mm 或 20mm×100mm（育雏初期在网上加铺一层小孔塑料网，待雏鸡日龄稍大后再撤掉塑料网）。雏鸡养于网上，粪便漏到网下地面上。这种工艺在疾病防治方面优于地面平养，且舍内温度比地面平养好掌握，同时由于雏鸡不接触土壤，利于疾病防控。网上平养要注意微量元素缺乏。这种方式适宜于中小规模育雏。

图 4-2 网上平养

（二）立体育雏

立体笼（图 4-3）一般分为3~4层，每层之间有承粪板，四周外侧挂有料槽和水槽。其优点是热源集中，容易保温，可以增加饲养密度、节省建筑面积和土地面积，便于采用机械化和自动化设备，雏鸡的成活率和饲料利用率较高。

图 4-3 立体育雏

二、育雏前的准备和雏鸡的选择与装运

（一）育雏前的准备

为了使育雏工作能按预定计划进行，取得理想效果，应提前做好以下几方面的准备工作。

1.育雏计划的制定

育雏工作是一项艰苦而细致的技术工作，要求育雏人员既要有高度的责任心和事业心，还要掌握过硬的育雏技术。育雏前必须有完整周密的育雏计划，包括育雏时间、雏鸡的品种和数量、雏鸡的来源和饲养目的、饲料和垫料的数量、用药计划和预期达到的育雏成绩等。

2.育雏季节的选择

育雏季节应根据鸡场的条件来决定。对于一定规模的养鸡场，特别是设备条件较好、采用密闭式鸡舍育雏的，一般不受季节变化的影响，一年四季均可育雏。中小型鸡场，特别是广大农村养鸡专业户，由于设备条件的限制大多采用开放式鸡舍。开放式鸡舍育雏时，育雏季节与雏鸡的成活率及以后成年鸡的产蛋量都有密切的关系。生产实践证明，春季（3—5月）育雏最好，秋季（9—11月）、冬季（12至翌年2月）次之，夏季（6—8月）育雏效果最差。除考虑季节因素外，在选择育雏季节时还要参考市场行情和周转计划。

3.房舍及育雏设备的准备

准备育雏前检查育雏室的门窗，看是否有破损的地方，发现破损及时维修，可预防贼风和鼠害。进雏前1周清除舍内杂物，料槽、料斗、饮水器、粪板等用具移至舍外，遵循从上至下、从里至外原则，用高压水冲洗地面、墙壁、天花板和笼具，清除所有脏物，如粉尘、鸡毛等。特别是角落缝隙处更要注意冲洗干净，保证无尘、无羽毛、无粪便。育雏室吹干后，用火焰枪或2%的火碱对墙壁和地面进行消毒。将育雏用具如饮水器、料桶、饲料车、扫帚、水盆、水桶、料铲、喷枪、称具、温度计及保温伞等用水清洗干净，并用3%的来苏尔溶液等进行消毒。消毒时为了彻底杀灭病原微生物，应用不同的消毒水彻底消毒至少3次，每次消毒要等育雏室干燥后，方可进行第二

次消毒。育雏用具准备好后放到育雏舍内，同时安装设备、检修线路和用电设施，使用煤炉保温的鸡舍准备好充足的煤炉、煤炭。生产报表如日报表、周报表，笔、记录本等也要同时准备好。

地面平养和网上平养都需要垫料，常用的垫料有刨花（图4-4）、碎玉米轴（图4-5）、麦秸、稻草（图4-6）和稻壳（图4-7）等，以刨花最好，刨花干燥、松软、卫生清洁及吸水性能好。使用前暴晒，可去湿及消毒。然后均匀铺在育雏舍内，一般3~5cm厚即可。

图4-4　刨花垫料

图4-5　碎玉米芯垫料

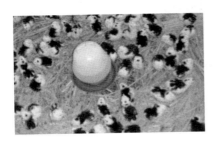

图4-6　麦秸垫料

图4-7　稻壳垫料

热源周围要安装围栏，可以防止雏鸡远离热源，材料可用铁丝网、席子或其他材料做成，并随雏鸡的日龄增大不断扩大围栏面积，以保证雏鸡的活动面积。铺好垫料，把所有清洗消毒过的器具放入育雏室内并紧闭门窗，用烟雾消毒弹（主要成分为三氯异氰脲酸粉，图4-8）进行熏蒸消毒（图4-9），1.3~3g/m³。一般熏蒸24小时后，即可将门窗打开通风，排出药味，也可用福尔马林（图4-10）和高锰酸钾（图 4-11）熏蒸消毒。熏蒸消毒后，鸡舍门口的消毒池、洗手盆中要准备消毒水，进出鸡舍要洗干净手。育雏室出入口设消毒池，并持续保持池内的消毒药液有效，工作人员出入必须踩脚消毒。对育雏室周围环境进行清扫，铲除杂草脏物，排掉阴沟积水并喷撒生石灰或其他消毒药物。具体工作程序：① 育雏舍的检修；② 对育雏室内外进行彻底清扫；③ 育雏室内灭鼠；④ 对育雏室进行消毒；⑤ 准备垫料并进行暴晒；⑥ 铺设垫料；⑦ 在育雏室内安置保温、料桶、饮水等设备；⑧ 对育雏室及育雏用具进行熏蒸消毒；⑨ 打开门窗进行通风，散去多余的药味；⑩ 育雏舍外周环境的消毒。

图 4-8　烟雾消毒弹（烟熏王）

图 4-9　熏蒸消毒

图 4-10　福尔马林

图 4-11　高锰酸钾

4.疫苗及常用药品的准备

准备好育雏期间所用的疫苗和常用药物。药品主要有葡萄糖、消毒药、抗生素、多种维生素、中草药等。疫苗主要有新城疫、法氏囊、鸡痘、传染性支气管炎等（图4-12至图4-15）；消毒药如来苏尔、复合碘、戊二醛等（图4-16）；雏鸡常用药如抗白痢药、抗大肠杆菌、抗球虫药、抗应激药等。

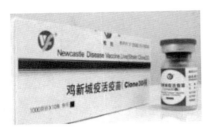

图4-12　鸡新城疫疫苗

图4-13　鸡法氏囊疫苗

图4-14　鸡痘疫苗

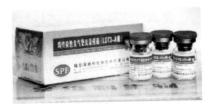

图4-15　鸡传染性支气管炎疫苗

图4-16　来苏尔、复合碘、戊二醛消毒液

5.饲料饮水的准备

在进雏之前，对照雏鸡的饲养标准，确定好饲料来源，在雏鸡进舍之前，1周的饲料到位；饮水器均匀放好，饮水器和食槽的距离不应超过50cm（图4-17）。

图4-17　育雏舍饮水器和食槽的放置

6.预热试温

据天气实际情况提前1~2天升高室温，对育雏室和育雏器进行预热试温，看室温能否达到30℃左右，并检查保温伞或育雏器内的温度是否达到33~35℃。发现问题，及时进行调整，使育雏舍内的温度维持平衡，确保雏鸡进入后有一个良好舒适的环境。

（二）雏鸡的选择与装运

1.慎选雏鸡

无论是外购雏鸡还是自孵鸡，选择健康的雏鸡是育雏成功的基础。因此，雏鸡应从以下几方面选择。

（1）看外观　健雏表现活泼好动，无畸形和伤残，反应灵敏，叫声响亮，眼睛圆睁（图4-18）。而伏地不动，没有反应，腹部过大、过小、脐部有血痂或有血线者则为弱雏。

图4-18　健康雏鸡

（2）观绒毛 健雏绒毛丰满，有光泽，干净无污染（图4-19）。如果绒毛有黏着的则为弱雏。

（3）握手感 健雏手握时，绒毛松软饱满，有挣扎力，触摸腹部大小适中、柔软有弹性。

图4-19 雏鸡绒毛丰满

（4）视脐部 检查雏鸡脐部（图4-20），健雏卵黄吸收良好，腹部不大、柔软，脐部愈合良好、干燥，上有绒毛覆盖。而弱雏表现脐孔大，有脐疗，卵黄囊外露，无绒毛覆盖。

（5）称体重 鸡出壳重应在35~42g，同一品种大小应均匀一致。

图4-20 雏鸡脐部检查

2. 有序转运雏鸡

雏鸡生命力弱，应当尽快运到养殖场，厂家负责运送雏鸡的，只要确认大约到雏时间即可。自行运输时要有序安排好，减少运输时间。

（1）确定好运输方式 雏鸡的运输方式依季节和路程远近而定，汽车运输时间安排比较自由，又可直接送达养殖场，中途不必倒车，是最方便的运输方式（图4-21）。火车也是常用的运输方式，适合于长距离运输和夏、冬季运输，安全快速，但不能直接到达目的地（图4-22）。

图4-21 雏鸡装箱汽车运输

图 4-22　雏鸡火车运输

（2）携带好相关证件　雏鸡运输的押运人员应携带检疫证、身份证。

（3）及时接运　雏鸡出壳后，经过一段时间绒毛干燥后进行挑选、鉴别雌雄（图 4-23）、清点鸡数、注射马立克氏疫苗，办理出库手续后，最好签订购销合同并开具发票，就可以装运了。

图 4-23　雏鸡雌雄鉴别

（4）装箱　运输雏鸡要有专用运雏箱（图 4-24），一般的运雏箱规格为 60cm×45cm×18cm 的纸箱、木箱或塑料瓦楞箱。箱的上下左右均有若干直径为 1cm 洞孔，箱内分成 4 个格装鸡，如用其他纸箱应注意留通风孔，并注意分隔。每箱装雏鸡数量最多不超过 100 只为宜，防止挤压。车厢、雏箱使用前要消毒，为防疫起见，雏箱不能互相借用。

（5）途中定时检查　通常每隔 0.5~1 小时观察 1 次，如见雏鸡张嘴抬头，绒毛潮湿，说明温度过高，掀盖通风，降低温度；如雏鸡挤在一起，"吱吱"叫，说明温度偏低，要加盖保温。当因温度低或

图4-24 雏鸡装箱

是车子震动而使雏鸡出现扎堆挤压时，还要将上下层雏鸡箱互相调换位置，以防中间、下层雏鸡受闷而死。

（6）雏鸡的入舍 运输车到目的地后，将雏鸡盒从车上卸下，摆放在育雏舍的地上，最下层要垫1个空盒或是其他东西，静置30分钟，让雏鸡从运输的应激状态中缓解过来，同时适应一下鸡舍的温度环境，然后再放入育雏区的地面上或网面上或育雏笼内。

三、育雏环境的标准与控制

（一）温度标准及其控制

能否提供最佳的温度是育雏成败的关键之一。雏鸡体温比成年鸡低1~3℃，故对低温的耐受能力较差，体温会随环境温度的变化而变化。育雏初期需要温度稍高，随着日龄增加，温度逐渐降低。

温度合适，有利于雏鸡运动、采食和饮水，生长发育也好。温度过高，则雏鸡饮水量增加，采食量下降，容易出现拉稀，使体质变弱，弱鸡增加，并诱发呼吸道疾病和啄癖；温度过低，雏鸡运动减少，体热散发加快，影响增重。因此必须严格控制育雏温度。

育雏温度包括育雏器的温度和育雏室内温度。室温一般低于育雏器温度。育雏器的温度是指鸡背高处的温度值，测量时要距离热源50cm，高于雏鸡头部2cm。用保温伞育雏时，将温度计挂在伞边即可；立体育雏时，将温度计挂在笼内热源区底网上，较高的温度有利于雏鸡体内卵黄的吸收。育雏前3天温度可控制在33~35℃，以后每周下降2~3℃，直到18℃脱温；肉鸡的给温与蛋鸡相似，从第5周龄开始维持在 21~23℃ 即可。不同日龄雏鸡的适宜温度见表 4-1。

表 4-1　育雏期的温度　　　　　　　　　　℃

日龄	0~3	4~7	8~14	15~21	22~28	29~35	36~42
伞下温度	35 → 33	33 → 31	31 → 29	29 → 27	27 → 24	24 → 21	21 → 18
舍内温度	28	27	26	24	22	20	18

　　育雏期间的温度控制除根据雏鸡的日龄进行调整外，还应遵循这样的规律：小群育雏高、大群育雏低；弱雏高、强雏低；夜间高、白天低；阴雨天高、晴天低。温度高低不超过 2℃。

　　育雏温度是否适宜，一是直接检查温度计，看和要求是否一致；二是根据雏鸡在育雏器内的活动状况进行调整。温度适宜时，雏鸡活泼好动，羽毛光滑，食欲旺盛，睡觉时伸长头颈，均匀地分布在热源周围（图 4-25）；温度过低时，雏鸡围在热源附近，挤成一团（图 4-26），经常发出"唧唧"的尖叫声，并易引起白痢、肺炎和肠胃炎等疾病，甚至造成大批死亡；温度过高时，雏鸡远离热源，张口呼吸，频频饮水；育雏室有贼风袭击时，雏鸡大多密集于远离贼风吹入方向的一侧。不同温度条件下雏鸡的反应见图 4-27。

图 4-25　育雏舍温度适宜

图 4-26　育雏舍温度偏低

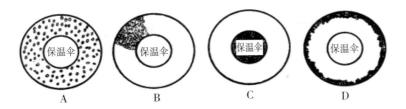

图 4-27　雏鸡对不同温度反应

A.适宜　　B.贼风　　C.太冷　　D.太热

（二）湿度标准及其控制

　　湿度对雏鸡的影响没有温度那么重要，但如果控制不好，也会导致育雏出现异常。育雏室所需的湿度因日龄而异，1~2 周龄为65%~70%，3~4 周龄为 60%~65%，5~6 周龄为 55%~60%，可通过温湿度计进行监测（图 4-28）。前期育雏室温度高，湿度过低则鸡体水分蒸发过快，雏鸡干渴嗜饮，可使摄食量降低甚至导致脱水。表现为绒毛脆弱易脱落、脚趾干瘪，室内尘土、绒毛飞扬，易诱发呼吸道疾病；育雏后期随着雏鸡的长大，呼吸量和排粪量都会增大，室内水分蒸发量也多了，则湿度也就高了，湿度过高则平养的雏鸡易发生球虫病。

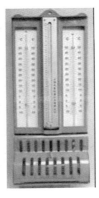

图 4-28　温湿度计

增加舍内湿度，通常采用室内挂湿帘、火炉加热产生水蒸气、地面洒水等方法。在地面洒水调节湿度时，在离地面不远的高度上会形成一层低温高湿的空气层，对平面饲养和立体笼养的雏鸡都极为不利。最好采取向空中和墙壁喷雾的方式提高舍内相对湿度。降低鸡舍湿度的方法，可选择干燥的环境或抬高鸡舍地面；采用离地网状育雏或分层笼养育雏，同时加强通风换气；铺厚垫料，并经常更换。

温度与湿度密切相关，必须综合起来加以考虑。高温高湿易形成"闷热"；低温高湿则易出现"阴冷"，应引起重视。

（三）光照标准及其控制

光照对雏鸡的影响主要表现在：一是影响雏鸡的采食、饮水、运动和健康，二是影响性成熟。光照的主要作用是刺激脑下垂体，促进生殖系统的发育，所以在育雏后期，若每天光照时间过长，小母鸡就会出现过早开产现象。由于此时身体尚未发育成熟，体重过小，导致产蛋小，产蛋高峰持续时间短，并在产蛋过程中易出现脱肛现象，处理不及时还可能导致死亡。

育雏期应遵照以下原则：① 育雏初期采用较强光照以便雏鸡能正常采食饮水并熟悉环境；② 育雏中后期改用弱光，以免发生啄癖；③ 育雏期内光照时间只能缩短，不能延长；④ 开放式鸡舍与半开放式鸡舍若需补充光照，补充时间不可或长或短，以免导致光刺激紊乱现象；⑤ 在规定的黑暗时间内要防止漏光。

光照强度的控制：① 改变灯泡的瓦数，育雏初期瓦数大些，后期改用瓦数小些的灯泡；② 控制开关数量，通过控制开关灯泡的数量来达到控制光照强度的效果；③ 在育雏舍内安装调压器，通过变压器改变灯泡的亮度达到控制光照强度的目标。

肉用仔鸡1~2日龄每天连续24小时光照，而后每天23小时照明，1小时黑暗，目的主要是尽可能延长采食时间，促进生长。为了使鸡舍内获得均匀的光照强度，以及节省能源，灯泡的安装应靠近鸡群的活动区域，高度距离地面2~4m，灯泡交错安装，功率以40~60W较好（图4-29）。

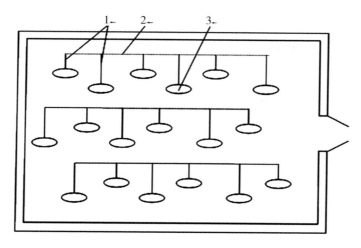

图 4-29　灯具线路上下左右交错示意
1. 上下交错的灯线；2. 与鸡笼平行走向（棚上）的电线；3. 灯具

（四）空气质量标准及其控制

雏鸡的新陈代谢旺盛，需氧量大，单位体重排出的 CO_2 量约比大家畜高出 2 倍以上。而且雏鸡排出的粪便经微生物的分解可产生大量的 NH_3 和 H_2S 等不良气体。为保证雏鸡的生长和健康，必须调控好空气质量。常采用通风换气的方式来调节空气的质量。但过量的通风又不利于保温。实际工作中，要协调好通风与保温之间的关系。通风换气量要根据雏鸡的日龄、体重、育雏季节及温度变化灵活掌握。为防止舍温降得过低，通风前可提高舍温 1~2℃，通风时不要让气流流向正对鸡群，不要有贼风，通风完毕降到原来的舍温。肉用仔鸡生长快，排粪多，对于 3 周龄以后的雏鸡，尤其应注意通风换气。如果采用机械通风，可根据不同周龄的通风要求进行通风换气（表 4-2）。

表 4-2　雏鸡舍的受风量　　　　m³/（只·分钟）

周龄	轻型品种	中型品种
2	0.012	0.015
4	0.021	0.029
6	0.032	0.044

（五）保持适宜密度

饲养密度是指育雏室内每平方米地面所容纳的雏鸡数。密度是否恰当，对养好雏鸡、充分利用鸡舍有很大关系。密度过大，室内 CO_2 含量增加，氨味浓，湿度大，影响雏鸡群的均匀度并容易发生啄癖；密度过小，鸡舍利用率低，饲养成本高。蛋用雏鸡的饲养密度见表 4-3。

表 4-3　雏鸡适宜的饲养密度　　　　只 /m²

周龄	地面平养	网上平养	立体笼养
1~2	30	40	60
3~4	25	30	40
5~6	20	25	30

四、雏鸡的饲养管理

雏鸡是指 0~6 周龄的幼鸡，雏鸡培育得好坏不仅影响育雏期和育成期的生长发育，鸡群的整齐度、合格率、成活率，而且影响成年以后的产蛋性能和种用价值，与鸡场经济效益有密切关系。因此，了解雏鸡的生理特点，采取相应的技术措施，进行科学的饲养管理，对雏鸡培育至关重要。

（一）雏鸡的饲养

1. 开水
雏鸡出壳后第一次饮水称为开水。雏鸡出壳后先开水后开食是育雏的基本原则之一。一定要在雏鸡充分饮水后有食欲时再进行开食，因为雏鸡出壳后体内还有部分卵黄没有被吸收，对雏鸡的生长发育还有作用，先饮水有利于卵黄的吸收及胎粪的排出。如果进行过长途运输，则运输过程及育雏室的高温环境使雏鸡体内水分丧失过多，先饮水也有助于雏鸡的体力恢复。

开水最好在出壳后 24 小时左右进行。开水太迟，易造成雏鸡脱水而虚弱，影响育雏效果，太早雏鸡没有食欲。开水的水温很重要，若直接使用凉水，则易造成雏鸡腹泻。育雏第一周最好使用温开水，在水中加入适量的多维、葡萄糖及抗生素。如雏鸡在运输过程中应激较大，在饮水中增加电解质，可缓解应激，提高雏鸡的成活率。

给雏鸡开水时，对于不会饮水的雏鸡要进行调教，轻轻地将雏鸡握于掌内，用食指轻轻按头部，使头朝斜下方，让喙端沾一会儿水（不要让水淹没鼻孔），然后松开食指，雏鸡便会仰头张开嘴将沾在喙上的水咽下，如此反复数次后雏鸡便学会喝水了（图 4-30）。经过个别调教，其他雏鸡很快互相模仿，很快都学会饮水了。鸡的开水可以用浅盘（水深 3cm 左右）。

图 4-30　雏鸡开水调教

1 周后可直接使用常温的水，水质要符合国家饮用水标准。随着雏鸡日龄的增加，及时更换饮水器的大小和型号，数量上要满足雏鸡的需要，保证每只雏鸡有 2cm 的饮水位置。饮水器应每天清洗 1~2 次，定期进行消毒。水要保持清洁，定时更换，不能间断。如有条件可使用自动饮水器，雏鸡随时可以饮水，自动饮水器省水，卫生也能得到保证。雏鸡的饮水量见表 4-4。

表 4-4　雏鸡饮水量　　　　　　　　　　（100 只雏鸡）

周龄	饮水量（L/d）	周龄	饮水量（L/d）
1	2.4	4	6.2
2	3.8	5	7.4
3	5.0	6	8.6

2. 开食

雏鸡第一次采食称为开食（图 4-31）。开食要适时，过早雏鸡无食欲，过晚则影响雏鸡的生长发育和成活率。一般于雏鸡出壳后 24~36 小时，即开水后 1~2 小时雏鸡有啄食表现时进行。

雏鸡的开食料要求新鲜、营养全价、适口性好、易消化。开食料必须科学配制，营养要能满足雏鸡的生长发育，最好用专用的雏鸡开食料，撒在浅边食槽内或反光性强的硬纸、塑料布上，让雏鸡自由啄食。小规模育雏时，也可采用碎玉米粒或小米；为防止营养性腹泻（糊肛），可在饲料中添加少量酵母粉。开食量要适当，一般蛋用型雏鸡每只 5~6g。

少量育雏开食时可直接将开食料洒在牛皮纸或塑料布上，让其自由采食；规模化育雏，用专用的开食盘，把开食料均匀洒在盘中，同时提高光照强度（20~25lx）。雏鸡看到饲料一般会自行采食，对于少数不能自己采食的雏鸡也要进行人工诱食。开食后要注意检查雏鸡采食情况，检查嗉囊的充盈度，对没有吃足的雏鸡，要单独饲喂。注意少喂勤添，以促进鸡的食欲。

3~7 日龄后，逐步过渡到用料槽或料桶饲喂，并保证足够的采食位置。同时饮水要充足，早晚更应防止缺水。开食用具要清洗干净，防止粪便玷污而易暴发白痢、球虫病等疾病。具体工作程序：① 进雏前提前 1~2 天按育雏数量准备好雏鸡开食料；② 雏鸡进舍前准备好温开水，将葡萄糖、维生素及抗生素混入饮水中，搅匀，分装到小型饮水器中；③ 将饮水器均匀分布到育雏舍内；④ 调教雏鸡开水，并观察鸡群饮水情况；⑤ 将雏鸡开食料装入料盘并均匀分布到育雏舍内；⑥ 调教雏鸡开食并观察采食情况；⑦ 检查嗉囊，了解采食量；⑧ 观察雏鸡精神、休息、睡眠情况；⑨ 做好记录。

图 4-31　雏鸡开食

3.耗料量和饲喂次数

在饲料能量水平稳定、饲养管理正常以及没有大的应激情况下，雏鸡的采食量只受增重速度和室内温度的影响。耗料量则受饲养工艺、食槽尺寸、饲料添加量等多种因素的影响。平养通常比笼养多耗料 8%。食槽浅小或槽边向外倾斜的则可能要多耗料 10% 左右，每次添料量超过槽深 1/3 时耗料也会增加。此外，饲养员添料时饲料撒落槽外、匀料不勤等也是影响耗料量的因素之一。

雏鸡喂料的次数，一般 1~2 周龄内每天喂 5~6 次，其中夜间要喂一次；3~4 周龄每天喂 4~5 次，5 周龄以上每天喂 3~4 次。每次喂料时注意少喂勤添，防止浪费。

（二）雏鸡的管理

1. 注意观察鸡群

观察雏鸡群的精神状态、采食、饮水、睡眠及粪便等情况。及时了解营养搭配是否合理，雏鸡的健康状况，育雏环境条件是否适宜等。采食饮水的观察主要在早晚进行，粪便的观察主要在早晨时进行。一旦发现异常情况可及时处理，避免损失。注意供料、供水、保温及照明等设备的运行情况，发现异常及时检修。

2. 定期称重

为了掌握雏鸡的发育情况，应定期抽测 5%~10% 的雏鸡体重，与本品种标准体重进行比较。如果有明显差别时，应及时修订饲养管理措施。称重一般在每周一早晨饲喂之前空腹进行，注意抽样的随机性。

3. 适时断喙

断喙的时间在 1~12 周龄均可进行，但考虑到在育雏期断喙对鸡产生的影响较小，同时也为了保证后备母鸡有足够的时间恢复因断喙可能造成的体重损失，因此，断喙宜选择在鸡日龄较小的时候进行（图

4-32）。通常选择在 7~10 日龄对雏鸡进行断喙，12 周龄左右对第一次断喙不成功或重新长出的喙进行修整。断喙时公鸡要比母鸡留稍长一点，母鸡断喙时上喙切的长度为喙尖到鼻孔下边缘的 1/2，下喙为 1/3；公鸡上喙为 1/3，下喙只切喙尖，切得太长，会影响成年后的交配。

图 4-32　雏鸡断喙

4. 雏鸡的免疫

育雏阶段应着重防治鸡马立克氏病、新城疫、法氏囊病、传染性支气管炎、鸡痘、鸡白痢和球虫病等，严格按免疫程序进行免疫（图 4-33）。育雏阶段免疫程序可参照表 4-5。

表4-5　育雏阶段免疫程序

日龄	疫苗种类	免疫方法
1	马立克氏病疫苗	皮下注射
5~6	支原体冻干苗	1 倍量点眼
7~9	新城疫 L 系 + 传支 H_{120} + 肾传二联三价或四价苗	1 倍量点眼
11~12	法氏囊疫苗	2 倍量滴口或饮水
21	新城疫 L 系苗	2 倍量点眼
24~26	法氏囊苗 双价 H_5N_1 + H_9N_2 鸡流感苗	2 倍量滴口或饮水
32	传支 H_{52} 苗	1 倍量点眼

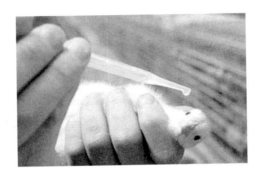

图 4-33　雏鸡点眼免疫

5. 编制主要技术管理日程表

为了做到育雏心中有数，更有效地进行工作，要编制育雏工作日程表。

具体工作程序：① 观察鸡群，包括育雏的温度，雏鸡的精神状态，粪便的形状、颜色等；② 刷洗料盘、饮水器等用具，打扫育雏舍内卫生；③ 喂水、喂料；④ 观察采食饮水情况；⑤ 消毒、清扫；⑥ 检查温度、湿度情况，检查供暖设备；⑦ 通风；⑧ 加料、加水；⑨ 观察采食饮水情况及精神状态；⑩ 调整温湿度等育雏条件；⑪ 免疫接种、断喙等操作；⑫ 做好记录。

第五章

山林果园土鸡散养期的饲养技术

当雏鸡饲养到一定阶段，能够适应外界环境的变化后，就可以在山林果园地进行生态放养，生产优质商品肉鸡和鸡蛋。

一、育成鸡和产蛋鸡放养期的饲养技术

（一）育成鸡的饲养技术

1.放养日龄的确定

雏鸡脱温后，最佳的放养季节为春末或夏初，放养日龄一般夏季30日龄，春秋季节30~40日龄，冬季40~50日龄。从育雏舍转往放养舍的时间最好选择在晴天早晨，放养开始几天对鸡群状况要加强观察。

2.放养前的训练

放养前1周，逐步打开窗户，直至全部开窗，以适应舍外气候条件，同时在育雏料中放一些青草，让鸡早日学会采食青绿饲料（图5-1）。

图 5-1　放养前投喂青绿饲料

3.分群、转群

一般同一批放养的鸡分群应与育雏阶段的分群相一致，即育雏室内每个小区内的雏鸡最好分在1个鸡舍内。根据放养场地每个简易鸡舍容纳鸡的数量，一次性放进足量的小鸡。如果放养场地简易鸡舍的面积较大，安排的鸡数量较多，应将鸡舍分割成若干单元，每个单元容纳的鸡数最好在500只以内。

转群时选择晚上最好，一是为了减少应激，二是抓鸡的时候比较方便，因为鸡不会乱跑。在转群过程中，因为青年鸡骨头比较脆，不能只抓翅膀或者腿部，这样不仅会使鸡产生应激反应，而且很容易造成骨折或者其他脏器的损伤。转群可以用转运笼，从笼中抓出或放入笼中时，动作要轻，防止抓伤鸡皮肤，装笼运输时，不能过分拥挤。

4.更换饲料

在转群后的前3天里，喂料和饮水都应该在鸡舍里进行。更换补饲饲料时饲料转换要逐渐过渡。第1天育雏期料和育成期料各50%，第2天育雏期料减至40%，第3天育雏期料减至20%，第4天全部用育成期料。

5.训练鸡上架床或栖架

采用网床育雏的，若育肥鸡继续采用网床或架床则可省去训练鸡上网床的麻烦。若育肥鸡采用栖架作为过夜场所时，要耐心训练鸡上栖架。开始时，把不知道上架的鸡轻轻捉上栖架，训练几天以后，鸡也就习惯上架了（图5-2）。

图5-2 训练鸡上栖架

6.散养诱导

3天之后，再逐步地把喂料和饮水挪到室外，诱导鸡群逐渐到外面活动，让它们逐步适应散养的生活方式。6天以后，要训练鸡到散养区采食。

7. 补料、喂水

规模化散养鸡的饲料仍主要靠人为供给，野外杂食则只作为补充。规模化散养鸡群大，而活动范围却有限，所以鸡不能得到足够的杂食，必须喂给一定量的配合饲料，这样才能保障鸡的健康生长。若散养鸡长期吃不饱，同样会出现啄羽、啄肛、生长停滞、发育不良等现象。如散养区内有小水沟、山泉，且水干净充足，可不考虑饮水问题。否则。将在补饲的同时给鸡饮水。为了保证鸡饮水充足，要放置足够的饮水器，饮水器还要放在鸡常活动的明显地方。

8. 消毒

严格执行消毒程序，鸡舍周围每星期消毒 1 次，有病情况下可每周 2 次（在免疫前、中、后 3 天不进行带鸡消毒）。

9. 免疫接种

做好相应日龄的免疫接种工作（图 5-3）。

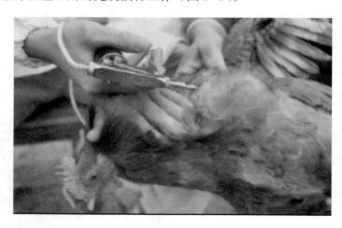

图 5-3　鸡免疫接种

10. 戴眼镜

对在雏鸡阶段没有断喙的商品土鸡，在土鸡 500g 以后开始佩戴眼镜至上市。佩戴眼镜时应小批量进行试戴，以确保最佳佩戴效果及时机（图 5-4）。

11. 常见病的防治

育成鸡在 8~9 周龄时进行一次驱虫。常用的驱虫药物有盐酸左旋咪唑、伊维菌素；常用预防药物有阿莫西林、氧氟沙星、泰乐菌素等。平时在饲料中添加适量的中草药艾叶、苍术、黄芪、大蒜、青蒿、松针粉、刺五加、桉叶、陈皮、甘草、蒲公英等，预防疾病的发生，并且能减少西药用量，减少药物残留。

图 5-4　给鸡戴眼镜

12. 创造安全卫生的环境

① 每天刷洗水槽、料槽。

② 定期清理舍内、舍外地面的鸡粪。

③ 育成鸡舍同样也要做好杀灭蚊蝇、灭鼠工作。

④ 添料时要少加勤添，而且要每天吃净，防止饲料霉变。

⑤ 果树喷洒农药要避免鸡群农药中毒。放养场地不准外人和其他鸡只进入，以防带入传染病。同时要防止蛇、兽、大鸟等危害。

⑥ 鸡舍通风口应设置纱窗或安装铁丝网，防止鸟、兽进入。

13. 勤观察勤记录

每天应注意观察鸡群的动态，如精神状态、吃料饮水、粪便和活动状况等有无异常；记录每天的耗料量、耗水量，及早发现问题。

14. 及时上市

一般小型公鸡散养 100 天，母鸡 120 天上市；中型公鸡散养 110 天，母鸡 130 天上市。此时上市鸡的体重、鸡肉中营养成分、鲜味素、芳香物质的积累基本达到成鸡的含量标准，肉质又较嫩，是体重、质量、成本三者的较佳结合点。出售前 1~2 周，如鸡体较瘦，可增加配合饲料喂量，限制放养进行适度催肥。

（二）产蛋期的饲养技术

公鸡放养到 2 000g 左右即可上市销售，母鸡则继续饲养。对于饲养管理良好的高产母鸡，20 周龄进入产蛋期，母鸡由见蛋到开产50% 需 20 天左右，再经 3 周时间达到产蛋高峰，高峰期维持半年以上，然后缓慢下降。一般地方鸡种 140 天开产，产蛋高峰期和产蛋量较蛋鸡品种略低。

1. 产蛋前期的饲养管理（21~24 周龄）

（1）设置产蛋箱　在鸡开产前 2 周准备好产蛋箱（图 5-5）。鸡喜欢在安静、黑暗的地方产蛋，所以产蛋箱要放在较为僻静的地方。高产蛋鸡的产蛋时间一般比较集中，产蛋箱如果不够，鸡就会到处下蛋。每 4 只鸡配 1 个产蛋箱，诱使鸡在产蛋箱内产蛋，并使其养成习惯。可以做成双层产蛋箱，也可以用砖沿山墙两侧砌成 $35cm^3$ 的格状，窝中铺上干净麦秸或稻草，勤换勤添。及时收集产蛋箱内的鸡蛋，晚上关闭产蛋箱，避免母鸡在内过夜。脏鸡蛋用干净的软布擦干净，不可水洗。如果光线太亮，产蛋箱要用黑布遮阳避光。

图 5-5　鸡产蛋箱

（2）补充光照　一般产蛋高峰期每天光照时间需维持 16 小时，当每天的自然光照时间不足 16 小时，就需要每天补充人工光照。放养鸡采取晚上补光比较好，直到每天的光照时间达到 16 小时为止。光照时间一经固定下来，就不要轻易改变。面积 16m² 的鸡舍安装一个 40W 的灯泡可以满足需要。

（3）补料 产蛋开始前 2 周把饲料换成产蛋初期日粮，使鸡群有充足的时间储备能量、蛋白质和钙质。放养鸡的活动量大，消耗的营养较多，而获取的营养较少，因而产蛋率较笼养鸡低 5%~10%。为了获得较高的产蛋率，放养蛋鸡开产后要提供充足的饲料，一般每天补饲两次，产蛋初期每只鸡日补料 50~55g，产蛋高峰期日补料 90g 为宜（图 5-6）。早晨开始开灯补光时加料 1 次，补充 1/3 料量，晚上鸡回来后再补饲 1 次，补充 2/3 料量，不足的让鸡只在环境中去采食虫草弥补。蛋鸡采食不足，影响卵泡发育，产蛋后体重下降，导致后期产蛋率低。

在散养鸡舍内或鸡舍外设置料桶，1 个直径 40cm 的料桶可供 20 只鸡同时采食。料桶用绳子或铁丝吊起来，防止鸡晚上到上面栖息。

图 5-6 补料

（4）补水 每天给鸡只定时饮水 3~4 次。防止水溢出污染舍内环境。每天刷洗水槽，让鸡只饮到清洁卫生的水（图 5-7）。

图 5-7　补水

2.产蛋高峰期的饲养管理（25~50 周龄）

（1）提供优质饲料　此期是母鸡代谢最旺盛、效益转化最高的时期，如果母鸡只喂稻谷、玉米，土壤中矿物质含量少，就会缺乏蛋白质、钙和磷，不能满足需求，产蛋率仅能达到正常产蛋的 30%，且蛋重比正常营养供应鸡的蛋轻 30%~50%。因此，应按产蛋鸡饲养标准供给营养，即将产蛋初期饲料更换为产蛋高峰期料，保证日粮营养全面，加禽用维生素。放养蛋鸡适量加入少量蝇蛆、黄粉虫、蚯蚓，可以改善日粮的营养价值，提高产蛋率，还能使蛋黄颜色变深，无腥臭味，更能卖高价。

（2）创造稳定的产蛋环境　夏季防暑降温，尽量让鸡在早晚凉爽时间活动或补饲，冬季保温保暖，白天温度较高时放养。切忌各种应激，不要随意投药和免疫，定时开关灯，定时补料，定时拣蛋，避免惊吓鸡群，防止野兽、飞禽的出现。

（3）保证光照时间　蛋鸡到秋后产蛋减少，冬天不下蛋，就是由于夏至后光照时间变短的原因。因此要保证长期恒定下蛋，应保证每天 16 小时恒定的光照时间，每天早晨开灯，天亮后关灯，天黑前开灯，晚上关灯，一般是每平方米 1~2W。灯泡在鸡舍要分布均匀，以人能看清鸡舍各个位置地面上的字为准。

（4）拣蛋 大多数鸡在上午产蛋，在产蛋高峰期上午集蛋 3 次，下午集蛋 1 次，将脏蛋单独放置。一旦发现就巢母鸡在产蛋窝内，将其放在凉爽明亮的地方。多喂青绿饲料，让鸡离巢。

（5）疫病防治 放养鸡疫病防治重点是鸡新城疫、禽流感、传染性支气管炎、鸡痘和球虫病。平时做好消毒工作，每周带鸡消毒 1~2 次，可以有效地防止细菌、病毒性疾病的传播。搞好疫苗接种可以预防多种传染病的发生，免疫抗体水平监测是衡量免疫效果最有效的办法。鸡群免疫后出现短暂的产蛋下降是正常的应激反应，很快便会恢复。使用无残留的药物预防疾病，如中草药和微生态制剂等。注意预防季节性疾病，如天气剧烈变化时应预防传染性支气管炎，冬季预防禽流感，夏季预防鸡痘，定期驱虫。

3. 产蛋后期的饲养管理（51~72 周龄）

（1）调整饲料营养水平 此期产蛋率呈下降趋势，蛋壳变薄，需要更换为产蛋末期饲料，以降低成本。避免母鸡采食量过低造成的失重，维持蛋鸡的体重和蛋重，尽可能延缓产蛋高峰下降的速度。

（2）淘汰低产和停产母鸡

① 外貌鉴别。高产鸡冠和肉垂丰满、鲜红，有温暖感，肛门大而扁、湿润。低产鸡或停产鸡鸡冠萎缩，颜色苍白，无温暖感，肛门小而圆、干燥。

② 体貌特征鉴别。高产鸡外形发育良好，体质健壮，头宽深而短，喙短粗微弯曲，结实有力。低产鸡一般头部窄而长，似乌鸦头，喙细长，眼睛凹陷，身体狭窄，腹部紧缩。同时，高产鸡开始换羽时间较晚，而低产鸡换羽时间较早。

③ 手指触摸估测。高产鸡腹大柔软，皮肤松弛，耻骨与胸骨末端之间可容下 3~4 指。低产鸡或停产鸡腹部紧缩，小而硬，胸骨末端与耻骨距离 2~3 指，两个耻骨间距小，仅容 1~2 指。

（3）就巢性催醒 就巢俗称抱窝。当发现鸡群中有就巢行为的鸡时，要及时将其挑出，单独放在群外。通过两种办法使其催醒，一是注射激素（如肌内注射丙酸睾丸素）或口服（安乃近、速效感冒胶囊）药物，二是突然改变环境条件，如水浸、剪毛、清凉降温刺激。

（4）强制换羽　自然条件下，母鸡每年秋季换羽，从开始到换羽结束，约需 16 周，换羽时间长，母鸡停产，管理困难。进入产蛋后期，当产蛋率下降、蛋价行情不好或为降低引种和培育成本时，可以人工强制换羽，以缩短自然换羽的时间，延长产蛋鸡的利用年限，改善蛋壳质量。

① 畜牧学法。通过断水、断料、减少光照等人为应激因素，使鸡体内激素分泌失去平衡，促使卵泡萎缩，引发停产与换羽。母鸡生殖器官经过一段时间休息，积累营养，重新开产。

具体做法为：准备换羽前 1 周，淘汰病弱鸡、低产鸡和换羽鸡，接种疫苗。换羽开始后，同时停水停料 2 天（夏天高温停水 1 天），第 3 天开始恢复供水。断料天数在 7~12 天，当有 80% 的鸡体重下降了 25%~30% 时，可以恢复供料。开始 1~3 天，每天每只仅喂 10g 料，第 4 天和第 5 天每天每只喂 20g 料，以后每天增加 15g 料，一直恢复到正常采食为止。开始喂育成鸡料，当鸡产蛋后，换为产蛋料。光照也同时改变，停水停料第 1 天光照 16 小时，第 2 天光照 14 小时，第 3~39 天每天光照 8 小时，第 40 天开始，每天增加光照 20 分钟，直至每天光照 16 小时为止。

② 化学法。在母鸡日粮中加入高锌，使鸡的新陈代谢紊乱，内部功能失调，母鸡停产换羽。

具体做法为：日粮中加 2% 的氧化锌或硫酸锌，让鸡采食，母鸡第 2 天采食量下降一半，1 周后下降为正常采食量的 20%，体重也迅速下降，第 6 天体重下降了 30%，从第 8 天开始，喂给普通日粮。此法不停料不停水，开放式鸡舍可以停止补光。

二、林地生态养鸡模式与饲养技术

（一）林地围网养鸡模式

1. 选好林地

选择 2 年以上树龄，林冠较稀疏、冠层较高，树林荫蔽度在

70% 以下。透光和通气性能较好，且林地杂草和昆虫较丰富的树林较为理想。树林枝叶过于茂密、遮阴度大的林地透光效果不好，不利于鸡的生长。最好选择经环保监测符合无公害要求的林地，同时要求场地相对封闭，易于隔离，向阳、避风、干燥。

2. 清理林地

准备养鸡的前一年冬季，要对林地进行一次全面清理，清除林地及周边一定距离内的各种石块、杂物及垃圾，再用消毒液对林地及周边进行全面喷洒消毒，尽可能地将林地病原微生物数量降到最低。

3. 划分林地

3~5 亩（1 亩 ≈ 667m²，下同）林地划为一个饲养区，每区修建 1 个养鸡棚舍，将鸡放在不同的小区进行轮放。每区用尼龙网隔开，网眼大小以鸡不能钻过为准。待一个小区草虫不足时再将鸡群赶到另一牧区放牧。每轮换一个区，立即对原饲养过鸡的区进行清理消毒，然后轮空 60 天以上，可有效预防疾病的发生，也有利于草地休养生息。因放牧范围小，便于在天气突变时对鸡群的管理。

4. 建好棚舍

林地养鸡舍不设运动场，能遮风避雨的简易棚舍即可，以节约养殖成本。放养棚舍面积以 10~15 只 /m² 建造，应建在林地内避风向阳、地势高燥、排水排污、交通便利的地方。地面便于清扫，不潮湿，棚内外放置一定数量的料槽和饮水器。

5. 围网

果园四周应采用 2m 高的塑料网进行围网，选择塑料网时以网孔越小越好，网底部和上部应固定好。在实际应用中还可以将果园分成几个区，这样既能防老鼠、黄鼠狼等对鸡群的侵害和带入传染性病菌，又方便日常管理。

6. 放养规模和密度

林地养鸡宜稀不宜密，每亩林地放养 50~100 只为宜，放养规模每群 1 500~2 000 只，采用全进全出制。饲养密度不可太大，以防止林地草场的退化和草虫等饵料的不足，密度过小，浪费资源，生态效益低。

7. 放养时期

4月初至10月底期间放牧，此时林地牧草茂盛，虫、蚁等昆虫繁衍旺盛，鸡群可采食到充足的生态饲料。11月至次年3月则采用圈养为主，放牧为辅的饲养方式。

8. 按时补饲

为补充放养期饲料的不足，对放养鸡要适时补饲，早晚各补饲一次，按"早半饱、晚适量"的原则确定补饲量。

9. 防暴雨

每天收听天气预报，密切注意天气变化，遇到天气突变，应及时唤叫收牧，以免暴雨淋击，造成损伤。

10. 放牧训练

放牧初期每天放牧3~4小时，以后逐日增加放牧时间。为使鸡群定时归巢和方便补料，应配合训练口令，如吹口哨、敲料桶等进行归牧调教。

11. 诱虫

夏天晚上，可在林地悬挂一些白炽灯，以吸引更多的昆虫让鸡群捕食。

12. 防兽害

林区养鸡，野生动物较多，对鸡伤害严重。在育雏前重点注意灭鼠，放养期一旦发现鹰、野兽的活动，马上采取赶驱措施。预防老鼠可采取鼠夹法、灌水法、养鹅驱鼠法。鹰类是益鸟，具有灭鼠捕兔的天性，不能猎杀，可采取鸣枪放炮、稻草人、人工驱赶法和网罩法等进行驱避。防控黄鼠狼可采取竹筒捕捉法、木箱捕捉法、夹猎法、猎狗追踪捕捉和灌水烟熏捕捉等方法。蛇可采取捕捉法和驱避法。

13. 林下种草

在植被稀疏和林下草质量较差的地方，应人工种草，可种植黑麦草、三叶草等。

14. 预防体内寄生虫

长期林下养鸡（图5-8），鸡体内多感染寄生虫病，应每月定期驱虫1次，上市前1个月的鸡或产蛋期的鸡不能用西药驱虫药，防止药物残留，必须驱虫时，可选用中药驱虫药。

图 5-8　林地养鸡

（二）山地放牧养鸡模式

山地放牧养鸡（图 5-9）可广泛利用自然饲料资源、节省饲料、降低成本，成品鸡风味独特、品质好、味道鲜美是真正的绿色食品，颇受消费者欢迎。产品价格高、效益好，其技术既是舍内养鸡的延伸，又有别于舍内饲养。

1. 场地选择

选择向阳避风、地域宽广、水源充足的坡地，以每亩饲养20~100 只为宜。根据鸡只多少在场地四周围上简易围栏，盖上防雨遮阳棚，场地上设固定料位和饮水器等。

2. 放牧时间及季节的选择

由于放牧养鸡完全是舍外饲养，外界环境对鸡只影响大，故根据当地季节宜选择在每年 4 月底开始育雏，5 月中旬发送脱温鸡，此时气温渐升，昼夜温差小，便于鸡只对外界环境变化的适应，同时该季节有大量的嫩草、树叶、昆虫等有益食物，便于鸡只采食，促进快速生长。通常饲养 100~120 天均重在 1.5~1.8kg，且此时正是草鸡销售旺季，上市价高，效益好。

3. 放牧期间疾病防治

放牧养鸡活动范围广，疾病防治难度大，为此必须按免疫程序和预防性投药来预防。平时多注意观察，必要时做好鸡痘、新城疫、法氏囊病、球虫病的预防，同时要求做好定期消毒（草木灰、生石灰等）。

4. 放牧养鸡饲喂方法

放牧养鸡实行以放牧为主，补饲为辅的饲养方式，刚接到的脱温鸡要饲用全价料过渡1周，以后每周早晚各供1次料，到第4周时由全价料逐步过渡到五谷杂粮。该季节放牧养鸡，鸡只能够充分采食到野生青草、树叶、昆虫等，每日早上喂七成饱，便于鸡在放牧中采食，增加活动量，提高鸡的肉质。

5. 山地放牧养鸡应注意事项（图5-9）

① 必须在放牧场上搭上简易的防风遮雨棚。

② 平时多加观察和调教，严格按照免疫程序和预防性投药（特别是球虫病）。

③ 必须供给充足的饮水，并固定位置。

④ 放牧规模视场地大小而定，通常以800~1 500只为宜。

⑤ 防止野兽侵害鸡群，避免在喷洒农药和刚施化学肥料后进行放牧。

⑥ 平时多注意天气预报，发现异常应及时将鸡群赶回。

图5-9　山地放牧养鸡

三、果园生态养鸡模式与放养技术

（一）果园放养土鸡的优点与技术要点

1. 优点

　　果园养鸡是把鸡舍建在果园里，鸡在果园内进行舍饲与放养相联合的一种饲养模式，一般以放养抗逆性较强的土鸡为宜（图 5-10）。雏鸡一般在鸡舍内培养、饲养，待脱温后转群到果园内放养，白天采食草、虫、沙砾等，夜间回鸡舍歇息。这种养殖模式的优点：首先，该方法既能除掉果园杂草，又可以节省饲料，降低养殖成本。鸡有采食青草和草籽的习性，对杂草生长有一定的抑制作用。鸡平时采食果园的杂草、昆虫、蚯蚓等生物资源，满足自身营养需要，减少饲料的投喂，节省饲料开支。其次，可以培肥土壤，消灭果园害虫，减少果园肥料、农药的投资。鸡粪中含有丰富氮、磷、钾等果树生长所需要的营养物质，可为果树提供优质肥料。鸡在果园内觅食，把果园地面上和草丛中的绝大部分害虫吃掉，从而减轻害虫对果树的危害，提高果品的产量和质量。最后，能增强鸡群体质，减少疾病发生。果园中空气新鲜、水源清洁，可避免和减少鸡病的互相传染，降低死亡率。

图 5-10　果园放养鸡

2. 技术要点

（1）果园的选择　要选择僻静、安宁、无噪声、无污染、有自然水源、土质为沙壤土、果树树龄 3 年以上且树形高大的果园。

（2）鸡舍的建造　鸡舍应建在干燥、阳光充足、通风良好、地面平坦且离水源较近的地方，坐北朝南。一般采用砖木结构建成平房，高 3m 左右，室内地面为水泥地，以便于清洗。鸡舍周围要开挖排水沟，以防洪水冲击。

（3）品种的选择　果园养鸡是以放养为主的饲养方式，所以，应选用适应性强、耐粗饲、觅食力强、抗病力好、个体偏中、肉质细嫩味美的优质地方品种。

（4）果园放养时间　以晚春至秋末为宜，其他季节因为气温变化大，果园内虫、草减少，应根据具体情况适当减少放养。

（5）果园养鸡规模　果园养鸡实行放牧散养，养鸡规模必须根据果园的面积及杂草生长情况合理确定，一般每亩果园养鸡 80~100 只为宜。密度过大，不利于果园日常管理，也会使鸡粪自然净化困难，造成环境污染且不能保证正常采食量；密度过小，则会降低果园土地利用率。

（6）补料　补饲主要以玉米、小麦、豆粕或鱼粉为主，并添加适量青绿饲料。这样可以降低养殖成本和鸡肉脂肪含量，提高鸡肉品质。

（7）防止鸡啄果实　由于鸡觅食力强活动范围广、喜欢飞高栖息啄食果实，会影响水果品质，所以，在水果生长收获期，果实应采用套袋技术。

（8）防毒　应尽量使用低毒高效的杀菌农药，或实行限区域放养，避免鸡群农药中毒。

（9）勤观察　在饲养管理过程中，还要注意观察鸡群精神状态、粪便、采食和饮水情况，发生疾病及时投药进行防治。同时，注意防止鼠兽侵袭危害。

（10）鸡舍卫生、消毒和免疫　在饲养过程中应及时清除舍内粪便，排除污物，保持清洁、干净的饲养环境。定期交替使用不同类型的消毒药对用具和鸡舍进行消毒，并搞好平时的带鸡消毒和饮水消毒工作，以控制病菌生长。

（11）定期给鸡驱虫

（二）提高果园养鸡成活率和效益的措施

果园养鸡在饲养管理和疾病防治上与一般的舍饲方法有较大的不同之处。为进一步提高果园养鸡成活率，应采用以下办法。

1.选好种源

果园养鸡的品种以抗逆性强（适应性强）的土鸡为宜，不合适饲养艾维茵等快大型鸡种，鸡苗选择应以健康活跃并已接种过马立克氏病疫苗的鸡雏。

2.严防中毒

果园喷过杀虫药或施用过化肥后需间隔7天以上才可放养，雨天可停5天左右。果园邻近不要有农药污染的水源，以防中毒。放养时把鸡赶到安全的处所，以免鸡采食喷过杀虫药的果叶和被污染的青草。最好用尼龙网或竹篱笆圈定放养范畴，以防鸡只到处乱窜。果园养鸡应常备解磷定、阿托品等解毒药物，以防万一。

3.避免应激

雏鸡购入后先在鸡舍内按惯例育雏，待脱温后再转移到果园里放养。开始放养时，时间宜短、路程宜近，以后慢慢延长时间和路程。放养的最初几天，由于转群、脱温等影响，可在饲料或饮水中加入一定量的维生素C或复合维生素等，以防应激。

4.严防兽害

野外养鸡要特别注意预防鼠、黄鼠狼、野狗、灌、狐狸、鹰、蛇等天敌的侵袭。鸡舍不能过于简陋，应及时堵塞墙体上的大小洞口，鸡舍门窗用铁丝网或尼龙网拦好。同时，要增强值班和巡视，谨防偷盗和兽类的侵袭。

5.重视防疫

果园养鸡要重视防疫，按免疫程序做好鸡新城疫、鸡法氏囊病等主要传染病的预防接种。同时还要重视驱虫，制订合理的驱虫程序，及时驱杀体内外寄生虫。果园若要施用有机肥，特别是应用鸡粪作为肥料时，应将有机肥充足发酵后再施到果园中，防止有机肥中的病原微生物传染鸡病。

6.加强消毒

在每批鸡出栏后彻底清理鸡舍内的鸡粪，地面经清洗后用2%~3%的烧碱水泼洒消毒，然后熏蒸消毒。为更有效地杀灭病原微生物，应采取"全进全出"制。在一批鸡清栏后，果园场地的鸡粪采用翻土20cm以上，然后地面上用生石灰或石灰乳泼洒消毒，以备下批饲养。果园养鸡2年后应换个场地，以便给果园场地一个自然净化的时期。

7.注意察看

果园养鸡往往不是由专职饲养人员管理，加之放养时鸡到处啄虫、草，不易及时发现鸡只状况。而且，如果鸡只发生传染性疾病，会将病原微生物扩散到全部环境中。因此，放养时要增强巡逻和察看，发现掉队、独处一隅、精神萎靡的病弱鸡，及时隔离察看和治疗。鸡只晚上回舍时要清点数量，以便及时发现问题、查明原因和采用有效办法。

8.增强管理

对鸡舍应每天除粪清扫1次，搞好日常卫生消毒工作。放养期的抛食应遵守"早宜少、晚适量"的原则。放养宜选择在晴天无风日，严禁大雨、大风、寒冷天气放养。热天放养应早晚多放，中午在树荫下休息或赶回鸡舍，不可在烈日暴晒下长久放养，防止中暑。放养进程中要进行放养驯导，以树立起鸡只回舍条件反射，以便在紧迫情形能使每只鸡及时回舍。

第六章
散养鸡常见疾病防治

一、严格执行卫生防疫制度

山林果园生态养鸡虽然空气新鲜，鸡群活动量大，活动范围广，并且主要吃野菜、嫩草、草籽、昆虫等无污染的饲料，机体健康，但如果不加预防，鸡群也会生病，尤其是传染病，如新城疫、传染性法氏囊病、传染性支气管炎、鸡痘、流行性感冒等。一旦发病，有效的治疗措施较少，治疗的经济价值也较低，有些病即使治好了，也会影响其生产性能，降低经济效益，因此要认真做好预防工作。重点从以下几方面把好关。

（一）生态隔离

山林果园养鸡选用的生态区域，主要是草地、树林、野坡、果园，鸡群的活动范围较大，尤其是荒山、树林中，野兽、野鸟较多，容易侵害鸡群的主要有黄鼠狼、獾、蛇等，雕、鹰等食肉猛禽也不容忽视。夏季雷雨多见，狂风、雷电、洪水也会对鸡群造成严重危害。为防止各种灾害和敌害侵袭，要对养殖环境进行必要的改造：鸡群活动范围的边界上，应埋设 1.5~2m 高的铁丝网或尼龙网；也可密集埋植树枝篱笆，配合栽种葫芦、扁豆、佛手瓜、南瓜等秧蔓植物加以隔离阻挡；种植带刺的洋槐枝条、野酸枣树或花椒树，阻挡人、兽的效果最为理想。草地、荒坡等野外放养环境内，适当搭建一些简易的小凉棚，凉棚顶部盖油毡，棚内铺垫干净的河沙，以便遮阳挡雨，满足鸡群临时休憩和沙浴的需要。凉棚地势要高，周边活动半径以不超过

50m 为宜。

（二）把好进雏关

鸡群好不好，选苗最关键，所以在引种时，应当从较正规的大型种鸡场引进，种鸡场应有生产许可证、营业执照、组织机构代码证等相关合法资质。只要鸡苗健康活泼，在掌握好温度和通风的情况下，鸡群一般不会生病。对于初养鸡者，进鸡可选在气温较暖和的春季，这样好控制温度，待取得经验后一年四季均可进雏养鸡。

选好育雏季节

以春雏（3—5月）最好。春季气温适中，空气干燥，日照时间长，便于雏鸡活动，鸡的体质好，生长发育快，成活率高。春雏开产早，第一个生物学产蛋年度时间长，产蛋多、蛋大，种用价值高。

夏雏（6—8月）。夏季育雏保温容易，光照时间长，但气温高、雨水多、湿度大，雏鸡易患病，成活率低。如饲养管理条件差，鸡生长发育受阻，体质差，当年不开产，产蛋持续期短，产蛋少。

秋雏（9—11月）。外界条件较夏季好转，发育顺利，性成熟早，开产早，但成年体重和蛋重减少，产蛋时间短。

冬雏（12月至翌年2月）。保温时间长，活动多在室内，缺乏充足的阳光和运动，发育会受到一定影响，但疾病较少，育雏率较高，由于育成时间长，饲养成本较高。

（三）保证饲料和饮水卫生

在生态养殖过程中最常见的病原菌主要是细菌和霉菌，这些菌对鸡群的危害较大，因此养殖者必须注意控制。

1.大肠杆菌

大肠杆菌是鸡和人肠道内的正常菌群，多数不致病，而且在维持肠道正常生理机能起着重要作用。但有少数的菌被称为致病性大肠杆菌，可直接感染肠道。主要包括：肠致病性大肠杆菌、肠产毒性大肠杆菌、肠侵袭性大肠杆菌、肠出血性大肠杆菌、肠黏附性大肠杆菌。这些菌可以引起动物的局部性或全身性大肠杆菌感染、腹泻、败血症和毒血症等，是一种人畜共患的疾病。

本病是食品安全检测的一个指标，养殖过程中一定要做好本病的控制。主要是严格的消除传染源（本病传染源主要是动物粪便），做好消毒工作，并加强饲养管理，防患于未然。

2. 沙门氏菌

沙门氏菌是一种重要的人畜共患病，也是食品安全检测的一个指标，本菌引起的食品中毒是世界主要中毒病之一。本菌在自然界分布广泛，血清型众多。在养鸡上主要传染源是动物性饲料原料，例如：鱼粉、骨粉等。鸡感染本菌后易得白痢、伤寒和副伤寒，症状与防治以后章节会讲到，一旦感染本菌将很难根除。

作为生态养殖者，一定要严格控制本病的传入。可以定期做沙门氏菌的平板凝集试验，以检测鸡群中是否存在阳性菌，一旦发现阳性菌立即淘汰。做好引种和动物性饲料原料的本菌检测是良好的控制该病传入的方法。

3. 霉菌

霉菌主要产生在饲料的加工和贮存期间。土鸡采食受污染的饲料后，可以在肝、肾、肌肉中检测出霉菌毒素。其中，黄曲霉菌是目前发现的感染最多的菌类，同时该菌也是最强的化学致癌物，其他还包括：褐曲霉菌、玉米赤霉烯酮、呕吐霉素等。霉菌的生长温度20~30℃，相对湿度为80%~90%，饲料原料的含水量是霉菌能否生长的一个关键因素。因此防止霉变要注意以下几方面。

（1）严格控制玉米水分　玉米是饲料原料的主要能量饲料，在日粮中添加比例较大，必须严格控制玉米水分。在检测玉米水分时，一般北方要求水分含量低于12%，南方要求低于14%。已经发霉或者水分较大的玉米千万不可用到饲粮中。

（2）慎用动物蛋白质饲料　动物蛋白质饲料中如果含水量较高或者脱脂不全，容易引起霉变。主要是机榨生产的饼类和贮存时间过长的油脂类饲料。饲料中加了油一定要尽快使用，不可贮存时间过长。

（3）注意饲料加工环节　在饲料加工过程中，主要注意两点。一是饲料加工散热要充分，特别是颗粒料，要调节好冷却的时间与所需的空气量；二是饲料生产设备的灰尘要小，防止空气中的霉菌孢子污染。

（4）加强饲养管理过程　在饲养管理中，可能会出现雨水等淋湿饲料，水槽漏水进入饲料中，长时间容易引起霉变。因此在饲料的保存与使用过程中，应当注意防水、防潮。

目前在饲料中普遍使用防霉剂，主要是丙酸及其盐类。这些防霉剂具有抑菌范围广、安全性高等优点。但这些防霉剂只有在 pH 值低于 5 的时候，抑菌效果才佳。所以在饲料的使用与保存过程中应注意防霉。

（四）创造良好的生活环境

饲养环境条件不良，往往影响鸡的生长发育，也是诱发疫病的重要因素。要按照鸡群在不同生长阶段的生理特点，控制适当的温度、湿度、光照、通风和饲养密度，尽量减少各种应激反应，防止惊群的发生。鸡舍结构要便于清洁、消毒和保温，通风条件良好；鸡舍与鸡舍之间完全隔离；鸡舍及饲料存放处严禁猫和老鼠等动物侵入；附近不可有污水、垃圾堆、粪堆等。给鸡供给的饮水要求充足、干净、无毒；饮水用具要求性能良好，用具里的水不会溢出，饮水处不要太宽大，否则宜遭鸡粪、垫料等污染。饲育用具的清洁和消毒：饲育用具如鸡舍、用具，饲养员的衣服、鞋子等都要进行清洁消毒。每天都要将鸡舍打扫干净；每批鸡出栏后，鸡舍要进行全面、彻底的清洁和消毒；用具要专用，不同栏舍不能共用用具；进出鸡舍时，饲养员必须换上工作服，并从消毒池中通过。

（五）抓好免疫接种和预防性投药

1. 制定科学的免疫程序

根据当地疫情流行情况，制定适宜当地散养的免疫程序，通过免疫的鸡群，对某种疫病具有高度、持久、一致的免疫力，可有效地防止疫病的发生。但是，没有一个程序是永久不变的，也没有一个程序可供所有散养土鸡照搬照抄使用。必须根据自己的实际情况，灵活制定。

2.严格保存和使用疫苗

疫苗要低温下运送和保存，尽快投入使用，缩短保存期；免疫时要严格按免疫操作规程，免疫前后2天，禁止使用消毒剂；饮水免疫时，先给鸡停止饮水2~4小时后，再把疫苗稀释，稀释后尽快使用完，未使用完的弃之不用；除厂家生产的疫苗外，一般不能随便将两种疫苗混合使用；两种疫苗接种的间隔时间要保持在1星期，以减少疫苗的相互干扰。

3.适时断喙和驱虫

土鸡有相互啄斗习性，20~30日龄为高峰，在雏鸡6~10日龄时进行断喙，减少饲料浪费和防止恶癖。由于放牧接触虫卵机会多，易患寄生虫病，特别是要重视球虫病的防治。可使用左旋咪唑或丙硫咪唑等广谱驱虫药或者国内最好的虫力黑来进行驱虫。在下午喂料时把药片研成粉料，先用少量饲料拌匀，然后再与全部饲料拌匀进行喂饲。次日早晨要检查鸡粪，看是否有虫体排出，再把鸡粪清除干净，以防鸡只啄食虫体。如发现鸡粪里有成虫，次日晚上饲喂时可以用同等药量驱虫1次，彻底将虫驱除。球虫病的防治可用磺胺氯吡嗪钠。

4.合理及时防病治病

注意观察鸡群的生产状况，详细观察记录鸡群的采食、饮水、精神、粪便、呼吸、睡态等状况。通过观察记录分析，发现问题及时采取措施。

按鸡的不同日龄控制适宜饲养密度、温度、光照、通风等；鸡舍冬天要保温，防止贼风吹入，避免使鸡因体能大量消耗而多食饲料；夏季要防暑降温，防止热应激。

在林果树喷药防治病虫害时，应先驱赶鸡群到安全处避开。一般雨天可避开2~3天，晴天3~6天，以防鸡只食入喷过农药的树叶、青草等中毒。

当发现病鸡时，应及时进行隔离和治疗，并对受危害及受威胁的鸡群及时投服预防药物。药物要选择高效、无毒、无残留，并选择正规渠道、信誉好的药店购买正规厂家的兽药；一种药能防治，不能乱用多种，防止配伍不当，既浪费药费，又影响防治效果。

对来势猛、危害大的疫病，及时向畜牧部门汇报，并送检病料查明病原。根据疫病的发展情况，对受威胁而又未发病的其他鸡群采用有效的疫苗，进行紧急接种防疫。

（六）实行"全进全出"饲养制度

所谓"全进全出"，就是同一栋鸡舍或同一批鸡在同一时期内只饲养同一日龄的鸡，又在同一时期出栏。这种饲养方式简单易行，优点很多，既便于在饲养期内调整日粮，控制适宜的舍温，进行合理的免疫，又便于鸡出栏后对舍内地面、墙壁、房顶、门窗、场地及各种设备彻底进行打扫、清洗和消毒。这样，可以完全切断各种病原体循环感染的途径，有利于消灭舍内的病原体。

二、鸡主要传染病

（一）鸡新城疫

新城疫俗称"鸡瘟"，又叫亚洲鸡瘟、伪鸡瘟（图6-1），是由新城疫病毒引起的一种急性高度接触性传染病，是养鸡必须预防的疾病之一。该病毒广泛存在于病鸡的组织器官、体液、分泌物、排泄物中。该病毒对消毒剂、高温抵抗力不强，一般的消毒剂都可以将其杀灭，但该病毒在低温环境中可以存活很长时间，冷冻鸡在2年后还可以检测到该病毒。该病的感染渠道较广，可经呼吸道、消化道、损伤皮肤和泄殖腔黏膜。鸡易感本病，但不发病的其他鸡类、鸟类也可以带毒进行传播。污染的环境和带毒的鸡类是引起本病流行的重要原因。本病全年均可发生，以春秋居多。

1.临床症状

潜伏期一般3~15天，或者更长，根据临诊表现和病程长短可以分为最急性、急性、慢性。

① 最急性型。常突然发病，往往看见很正常的鸡群，突然发现死亡，没有任何特殊的征兆。多见于流行初期和雏鸡。

②急性型。表现为呼吸道、消化道、神经系统异常。常表现为体温升高，采食减少，饮水增加。羽毛松乱、垂头缩颈，精神不振，状似昏睡，鸡冠和肉髯颜色逐渐变暗。病鸡呼吸困难、咳嗽、流鼻涕，常发出"咯咯"的喘鸣声或者怪叫。嗉囊积液，倒提鸡时常从口角流出大量的酸臭的暗色液体。下痢，呈黄绿色或黄白色，有时混有少量血液，后期排出蛋清样排泄物。部分病例常出现神经性的症状，表现为翅、腿麻痹，不容易站立。育雏期的雏鸡往往不表现明显症状，但死亡率却非常的高。成年产蛋鸡产软壳蛋或者产蛋下降可达15%~35%。

③慢性型。也叫亚急性型，初期症状与急性型相似，但随后减轻。耐过的鸡常表现出神经症状，如：翅膀麻痹、跛行，常原地转圈，或者头颈向一侧扭转。还有一些鸡貌似健康，一旦遇到刺激源，比如惊吓、抢食、雷雨、噪声等，则出现头颈弯曲，全身抽搐，出现瘫痪或者半瘫痪，愈后不良。但病死率比较低。含有母源抗体的雏鸡群或者母源抗体水平较高的雏鸡群，当有新城疫病毒侵入时仍可发生新城疫，但发病率较低。

图6-1　鸡新城疫病鸡

2.病理变化

根据临床表现可以分为典型性新城疫和非典型性新城疫。

典型性新城疫可见全身性败血症，全身黏膜、浆膜出血，以消化道、呼吸道最为明显。特征病变：腺胃乳头肿胀或者溃疡（图6-2），乳头间有明显的出血点，尤其在食管与肌胃交界处最为明显；十二指肠、小肠黏膜出血或者溃疡，有时可见到"枣核状溃疡灶"（图6-3）；盲肠扁桃体肿胀、出血、溃疡。气管出血或者坏死，周围组织发生水肿，有浆液性或者卡他性渗出物。产蛋鸡常发生卵黄性腹膜炎。

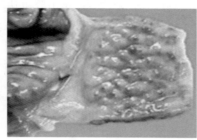

图6-2　腺胃乳头出血　　　　　图6-3　肠枣核状出血坏死

非典型性新城疫一般无典型的临床症状和病理剖检变化，育成鸡多以呼吸道和消化道症状为主，表现为呼吸困难、咳嗽、打喷嚏，精神不振，采食量减少，排黄绿色或黄白色稀便，呈零星性死亡；成年产蛋鸡主要表现为产蛋下降和不同程度的呼吸道症状。剖检可见喉头和气管内有黏液，黏膜轻微的出血，直肠和泄殖腔黏膜轻微充血、出血，腺胃黏膜浑浊，乳头间偶有出血点，小肠有零星出血点，盲肠扁桃体红肿，卵泡充血、出血。

3.诊断

可根据典型症状和病变做出初步诊断，进一步确诊需要实验室的诊断。可以进行血清学实验。

4.防治

目前本病尚无有效的治疗办法，预防本病的发生是一切防疫工作的重点，常采取如下措施。

（1）杜绝病原侵入鸡群　建立健全严格的卫生防疫制度，防治一切带毒动物和污染物进入鸡场，不从疫区定购鸡苗，新购的鸡须接种新城疫疫苗隔离观察，证明健康者才可以合群。

（2）制定合理的免疫程序，有计划地对健康鸡群进行免疫接种目前常用的疫苗有弱毒活苗Ⅱ系（HB1株）和Ⅲ系（F株），一般进行首免，采用点眼或者滴鼻，Ⅳ系（Lasota株）比Ⅱ系毒力稍强，一般进行二免，采取饮水免疫；Ⅰ系苗是中等毒力的活苗，现采用肌内注射，多为二免以后使用。

（3）定期消毒和严格检疫　鸡场、鸡舍和饲养用具要定期消毒；保持饲料、饮水清洁；新购进的鸡不可立即与原来的鸡合群饲养，要单独喂养半月以上，确认无病并接种疫苗后才能合群饲养。

（4）发生本病时的紧急处置　鸡群一旦发生了鸡新城疫，对病鸡应隔离淘汰，死鸡应深埋或焚烧。对尚未发病的鸡应紧急接种疫苗，以Ⅱ系苗或Ⅳ系苗为好，通常接种1周后就不再发生新的病鸡，疫病也就被控制住了。

（二）鸡传染性支气管炎

传染性支气管炎是由传染性支气管炎病毒引起的鸡的一种急性、高度接触性呼吸道疾病。该病具有高度传染性，感染鸡生长受阻、耗料增加、产蛋和蛋质下降、死淘率增加，给养鸡业造成巨大经济损失。本病仅发生于鸡，各种年龄的鸡都可发病，但雏鸡最为严重。炎热、寒冷、通风不良、疫苗接种等应激因素均可促进本病的发生。本病的主要传播方式是病鸡经空气飞沫传染给易感鸡，也可以通过饲料、饮器具等经消化道传播。本病无明显季节性，寒冷季节多发。

1. 临床症状

潜伏期1~2天或更长，病鸡在没有任何前兆的情况下，突然出现呼吸道症状，并迅速波及全群。典型特征病鸡出现咳嗽、喷嚏和气管啰音。4周龄以下病鸡还表现伸颈、张口呼吸、全身衰弱，逐渐消瘦，康复鸡发育不良。成年鸡发生很轻微的呼吸道症状，产蛋鸡产蛋量减少，并产软壳蛋、畸形蛋。蛋的品质变差，如蛋白稀薄呈水样等。病程一般为1~2周，康复后的鸡具有免疫力。肾型毒株感染鸡，呼吸道症状轻微或不出现，或呼吸症状消失后，病鸡沉郁、持续排白色或水样下痢、迅速消瘦、饮水量增加。

2.病理变化

主要是气管、支气管、鼻腔和窦内有浆液性、卡他性和干酪样渗出物，气囊可能混浊或含有黄色干酪样渗出物（图6-4）。病死鸡气管或支气管的后部分偶干酪性栓塞。产蛋鸡腹腔内可见液状卵黄物质，卵泡充血、出血、变形。18日龄以内幼雏，有的见输卵管发育异常，致使成熟期不能正常产蛋，常常出现"假母鸡"现象。肾型传支肾肿大出血，多数肾呈"花斑肾"（图6-5），肾小管和输尿管有尿酸盐沉积。严重病例可见白色尿酸盐沉积于其他组织器官。

图6-4 气管与支气管交界处有 　　图6-5 病鸡肾脏肿大（花斑肾）
　　　　白色干酪样栓塞

3.诊断

肾型传支一般根据主要症状和病变易做出现场诊断，其他型的确诊需进行实验室检验。

4.防治

目前本病尚无特效治疗药物，应坚持预防为主，在搞好饲养管理，减少应激的前提下接种好疫苗。鸡舍要注意通风换气，防止过挤，注意保温，补充维生素和矿物质，增强鸡体抗病力；并严格执行卫生防疫措施。常用 M_{41} 型的弱毒苗如 H_{120}、H_{52} 及其灭活油剂苗。一般认为 M_{41} 型对其他型病毒株有交叉免疫作用。H_{120} 毒力较弱、对雏鸡安全；H_{52} 毒力较强、适用于20日龄以上鸡；油苗各种日龄均可使用。一般免疫程序为5~7日龄用 H_{120} 首免；25~30日龄用 H_{52} 二免。注意使用弱毒苗应与新城疫弱毒苗同时或间隔10天再进行免疫，以免发生干扰作用。对肾型传支可使用弱毒苗 M_{a5}，1日龄及15日龄各免疫一次。

发生本病后，应按照《中华人民共和国动物免疫法》规定，采取隔离、扑杀、消毒等措施。使用广谱抗生素和抗病毒药物，对防止继发感染有一定作用。

（三）鸡传染性喉气管炎

传染性喉气管炎是一种由传染性喉气管炎病毒引起的以呼吸道症状为主的急性传染病。其特征为呼吸困难、气喘、咳出含有血液的渗出物。传播快，死亡率较高。本病毒的抵抗力很弱，37℃存活22~24小时，但在13~23℃中能存活10天。对一般消毒剂都敏感，如1.5%的典伏1分钟即可杀死。本病主要侵害鸡，不同日龄的鸡都可感染，但成年鸡的症状最具有典型特征，其他鸡类，如野鸡、山鸡、孔雀等也有感染情况发生。康复后的带毒鸡和病鸡是主要的传染源。病毒存在于气管和上呼吸道分泌液中，通过咳出血液和黏液而经上呼吸道传播，污染的垫料、饲料和器具等均可间接传播。当接种疫苗的鸡群与易感鸡进行长久接触时，也可感染本病。

1.临床症状

本病的潜伏期5~13天。病鸡采食量减少，迅速消瘦，其主要特征表现为呼吸道症状，呼吸时发出湿性啰音，咳嗽，有喘鸣音，病鸡

图6-6 病鸡呼吸困难

吸气时头和颈部向前向上，张口尽力吸气。严重的病鸡，高度呼吸困难（图6-6），可咳出带血的黏液。如果分泌物不能咳出，病鸡可能窒息死亡。产蛋鸡发病时产蛋量急剧下降或停止，康复后1~2个月才能恢复。根据发病表现可分为以下两种。

（1）喉气管型　是高致病性病毒株引起的，病鸡咳嗽，表现痛苦，身体随呼吸呈波浪式起伏，抬头伸颈，并发出响亮的喘鸣声。病鸡摇头时，咳出血痰，常见血痰附着于鸡笼上。将鸡的喉头用手上顶，令鸡张口，可见喉头出血，并伴有泡沫状液体。若喉头被血液凝块堵塞，则病鸡会窒息死亡，死鸡一般体况较好，死亡时多呈仰卧姿势（图6-7）。

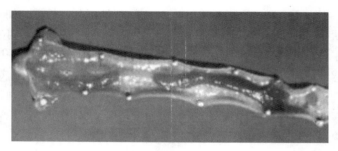

图6-7　气管出血

（2）结膜型　是低致病性病毒株引起的，主要表现为眼结膜炎或者鼻炎，眼结膜红肿，并伴有流泪、流鼻涕。若伴有支原体混合感染，则眶下窦肿胀，甚至导致失明。产蛋鸡表现为产蛋率下降，沙皮蛋、软壳蛋增多。

2.病理变化

本病比较缓和的病例，仅见结膜和窦内上皮的水肿及充血。急性典型病变在气管和喉部，初期黏膜充血、肿胀，进而变性、出血和坏死；气管含有血凝块或血黏液，气管管腔变窄，偶有黄白色纤维素性干酪样假膜。严重时支气管、肺和气囊等部发炎，甚至上行至鼻腔和眶下窦。

3. 诊断

根据典型的病变和特征性症状，即可做出初步诊断。在症状不典型时，应注意与新城疫、传染性支气管炎、慢性呼吸道病、维生素A缺乏症进行区别。可进行实验室诊断。如鸡胚接种，取病鸡的喉头、气管黏膜和分泌物，经无菌处理后，接种10~12日龄鸡胚尿囊膜上，接种后4~5天鸡胚死亡，见绒毛尿囊膜增厚，有灰白色坏死斑。

4. 防治

目前本病尚无特效治疗药物，坚持执行严格的卫生防疫措施是防止本病流行的有效方法。

（1）不接触来历不明的鸡　带毒鸡是本病的主要传染源之一，新购进的鸡必须用少量的易感鸡与其做接触感染试验，隔离观察2周，易感鸡不发病，证明不带毒，此时方可合群。

（2）不随便使用疫苗　没有本病流行的地区最好不用弱毒疫苗免疫，更不能用自然强毒接种，因为弱毒疫苗可能会造成病毒的终生潜伏，偶尔活化和散毒，它不仅可使本病疫源长期存在，还可能散布其他疫病。

（3）在本病流行的地区可接种疫苗　目前使用的疫苗有两种，一种是弱毒苗，接种途径是点眼，但可引起轻度的结膜炎且可导致暂时的盲眼，如有继发感染，甚至可引起1%~2%的死亡。故有人用滴鼻和肌内注射法，但效果不如点眼好。另一种为强毒疫苗，只能作擦肛用，绝不能将疫苗接种到眼、鼻、口等部位，否则会引起疾病的暴发。擦肛后3~4天，泄殖腔会出现红肿反应，此时就能抵抗病毒的攻击。强毒疫苗免疫效果确实，但未确诊有此病的鸡场、地区不能用。一般首免可在4~5周龄时进行，12~14周龄时再接种一次。

（4）治疗　本病一般采取对症治疗，并对发病群投服抗菌药物，防止继发感染。

① 抗体治疗。肌内注射喉气管炎高免卵黄抗体2ml，隔天再肌内注射1次。

② 西药治疗。发生结膜炎的鸡可用氯霉素、红霉素眼药水点眼，大群鸡用泰乐菌素或多西环素饮水或拌料。

③ 中药治疗。中药喉症丸或六神丸对治疗喉气管炎效果比较好。

每天 1 次，每天 2~3 粒 / 只，连用 3~5 天。可使用平喘药物可缓解症状，如盐酸麻黄素每只鸡每天 10mg，饮水或拌料投服。

（四）禽流感

鸡流感也叫真性鸡瘟（欧洲鸡瘟），是由甲型流感病毒引起的一种最严重的病毒性传染病之一，被感染的鸡发病率和死亡率都非常高，往往造成养殖失败。鸡流感的血清型多种多样，但根据致病性分为高致病性和低致病性两种。高致病性鸡流感，一般能引起高致病性的血清型为 H_5 和 H_7 亚型。该病的传染途径是通过消化道、呼吸道、损伤的皮肤、眼结膜等。该病可以通过其他鸡类、鸟类传播，应该引起广大养殖户的注意。该病毒在低温和干燥的环境可以存活数月，在阳光直射下 40~48 小时可以灭活，对氯制剂敏感，多发于春秋季。

1. 临床症状

本病感染鸡群往往暴发突然，潜伏期一般来说是 2~5 天。流行初期急性病例往往没有任何症状就死亡，随后病例表现为体温升高，精神沉郁，被毛松乱，头翅下垂，鸡冠和肉髯发黑、肿胀，常伴有咳嗽、喷嚏等不同程度的呼吸道症状。病鸡采食量和饮水量减少，有的病鸡下痢，拉黄褐色稀粪。产蛋期的鸡患病时，产蛋率明显下降，后期很难恢复。

2. 病理变化

特征性的病变是腺胃和腹部脂肪出血（图 6-8），肝、脾、肺等脏器常有灰黄色小坏死灶。产蛋期的鸡以侵害生殖系统为主，并伴有不同程度的全身皮肤和内脏器官的充血、出血、坏死等变化。常引起输卵管充血或出血，管壁肿胀，有纤维素性渗出物，卵泡充血或出血变性。育雏育成期的病例主要是内脏器官有针尖样出血点，器官黏膜出血。主要是腺胃黏膜、腺胃和肌胃交界处出血，十二指肠、盲肠扁桃体出血。

图 6-8　腺胃乳头出血、溃疡

3. 诊断

该病可以通过临床症状和病理变化进行初步诊断，进一步诊断需要经过分离、鉴定和血清学试验。

4. 防治

本病防治应该是免疫注射，结合综合性防治。

（1）疫苗预防　一般鸡流感灭活疫苗可以有效地控制本病，但选用的疫苗毒株必须与当地的流行毒株亚型相一致。一般在 15 日龄和 60 日龄进行免疫注射两次。

（2）综合防治　鸡场要采取全进全出制度；提供均衡营养日粮；加强饲养管理，提高鸡群自身免疫力；做好消毒工作保持清洁卫生；养殖区要防止其他鸡类、鸟类的进入；对病死鸡要深埋或焚烧；加强监测，一旦发现周围有疫情要严格封锁、扑杀并及时上报。

（五）鸡传染性法氏囊病

鸡传染性法氏囊病是由鸡传染性法氏囊病病毒引起的雏鸡的一种急性、高度接触性传染病。本病主要感染 2~16 周龄鸡，3~6 周龄时最易感。本病一年四季都能发生，但以 5~7 月发病较多。目前，本病是危害我国养鸡业最严重的传染病之一。该病毒在自然界存活时间较长，在病鸡舍中的病毒可存活 122 天。病毒对乙醚、氯仿、酚类、升汞和季铵盐等都有较强的抵抗力，但以含氯化合物、含碘制剂、甲醛敏感。本病只感染鸡，但经研究麻雀也可以带毒。污染的饲料、饮水、垫草、用具等皆可成为传播媒介。主要经呼吸道、眼结膜及消化道感染。

1.临床症状

本病潜伏期短，感染后 2~3 天就出现症状。早期为厌食、呆立、畏寒战栗，精神不振，缩头乍毛等。随后病鸡排白色或黄白色水样便，肛门周围羽毛被粪便污染。病鸡扎堆，严重者垂头缩颈，对外界刺激反应迟钝，发病 1~2 天内死亡，死亡率直线上升，5~7 天达到死亡高峰，随后死亡下降。病鸡耐过后出现贫血、消瘦、生长缓慢、饲料利用率低。当本病与支原体病等合并感染时，病鸡不仅病情加重，死亡率高，而且病程加长，伴有明显的呼吸道症状。病鸡常继发感染鸡新城疫、大肠杆菌病、球虫病等。

2.病理变化

本病的特征变化是腿部和胸部肌肉常有斑点状或者条纹状出血，胸肌颜色发暗。在腺胃和肌胃的交界处有针尖样出血点或者出血斑（图 6-9）。盲肠扁桃体出血、肿大。法氏囊浆膜呈胶冻样肿胀，有的法氏囊可肿大 2~3 倍（图 6-10），大多可见点状出血或出血斑，严重者法氏囊内充满血块，外观呈紫葡萄状。病程长的法氏囊萎缩，呈灰黑色，有的法氏囊内有干酪样坏死物。肝脏有时肿大，表明可见出血点，质脆，发黄。肾肿大，呈斑纹状。输尿管中有尿酸盐沉积。

图 6-9　病死鸡腺胃与肌胃交界处有条状出血斑

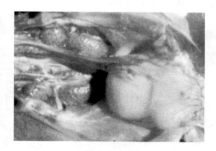

图 6-10　病鸡法氏囊肿大

3.诊断

根据流行病学特点、特征症状和病变可对本病做出初步诊断。确诊或对亚临床型感染病例时则需要进行实验室诊断。

4.防治

该病目前无特效治疗药物，免疫接种和综合防治措施是控制该病的主要方法。还有一些有效的辅助治疗。

（1）免疫接种 在定购鸡苗的时候要选择母源抗体高的鸡场，进鸡后采用琼扩法测定雏鸡的母源抗体，根据母源抗体水平确定雏鸡的首免时间。没有条件检测的鸡场，一般可采用10~14天首免，18~22天进行二免。所用的疫苗为中等毒力疫苗。另外，本病虽然没有特效药物，但在发病早期可以采用传染性法氏囊炎高免血清或高免蛋黄液进行注射治疗，有较好的治疗效果。如果混合细菌感染要使用抗生素进行治疗。

（2）中药治疗 可以用中草药辨证理论来进行治疗，现介绍方剂如下。

方一：黄芪 30g、黄连、生地、大青叶、白头翁、白术各 150g、甘草 80g，供 500 羽鸡，每日 1 剂，每剂水煎 2 次，取汁加 5% 白糖饮水服用，连服 2~3 剂。

方二：生地、白头翁各 4g，金银花、蒲公英、丹参、茅根各 3g，水煎 2 次，取汁加适量糖，供 10 羽鸡饮用，每日 1 剂，连用 3 日。

（3）综合防治 实行全进全出制度，加强饲养管理，提高环境控制措施，给鸡群提供一个良好的环境，避免发生其他应激，如：噪声、陌生动物闯入等。可以饲喂微生态制剂，调节肠胃功能，增强机体免疫力。

（六）鸡马立克氏病

鸡马立克氏病是由疱疹病毒引起的鸡的恶性肿瘤病（癌），感染本病的鸡大部分终生带毒。本病一般经呼吸道传播，由于带毒鸡脱落的羽毛、皮屑均可带毒，所以一旦发生本病将较难在鸡场彻底清除。本病的发生与鸡的品质、年龄有关，一般土鸡品种比较易感，幼龄鸡

（2月内）多发，特别是对刚出壳的雏鸡有明显的致病力。本病毒抵抗力较弱，但病鸡脱落的皮屑由于带有保护性物质，可在鸡舍尘埃中存活很长时间。室温下可生存4~16周，温度低生存时间更长。

1. 临床症状

本病潜伏期较长，一般1日龄感染，2~3周后才开始排毒，3~4周后，可见眼观病变。分为以下四种类型。

（1）神经型　主要侵害外周神经，特征症状是单肢或双肢出现麻痹或瘫痪，出现一腿向前一腿向后，俗称"大劈叉"（图6-11）。剖检可见神经肿胀、变粗（图6-12），一般检查坐骨神经，可见神经纤维横纹消失，呈黄白或灰白色。

图6-11　病鸡双肢麻痹

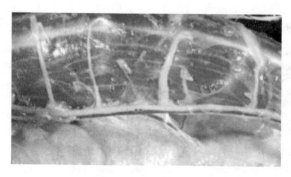

图6-12　颈部神经肿大

（2）内脏型 主要表现为精神不振，采食减少，病程短的，突然死亡。剖检可见内脏器官出现灰白色质地坚硬而致密的肿瘤块（图6-13）。多发于性腺、肾、肝、脾等器官。

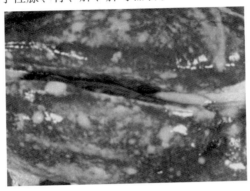

图6-13 肝肿大，有白色肿瘤病灶

（3）眼型 病鸡单眼或者双眼出现视力减退或失明，虹膜的正常色素消失，严重阶段整个瞳孔只留下针尖大的小孔。

（4）皮肤型 病鸡皮肤毛囊出现小结节或者肿瘤为特征，常遍及皮肤（图6-14）。

图6-14 皮肤毛囊呈结节状

2．诊断

神经型的可根据症状和病变进行确诊，内脏型的要与淋巴性白血病进行区别。进一步确诊需要进行琼脂扩散试验等血清学方法。

3．防治

本病尚无特效治疗药物。雏鸡的早期感染是暴发本病的重要原因，因此孵化场与育雏室必须保证环境中没有马立克病毒的存在，以确保雏鸡在免疫后2周内不感染本病，因为马立克疫苗虽然是在雏鸡出壳免疫，但疫苗发生效力要在10~15小时以后。一般在订购雏鸡的鸡场都会接种该疫苗，现在本病基本得到了很好的控制。发生本病也要采取隔离、扑杀、消毒等措施。治疗本病仅可以增加维生素、矿物质等营养品，增加鸡群自身抵抗力。

（七）鸡传染性脑脊髓炎

鸡脑脊髓炎，又叫流行性震颤，是一种以腿部肌肉共济失调和头颈震颤为主要特征的侵害幼鸡为主的一种病毒性疾病。本病鸡最易感，火鸡、鹌鹑等次之。直接接触是感染本病的重要方式，通过接触污染的饲料、水源、孵化设备等都可以感染。本病具有很强的传染性，鸡群一旦感染本病，很快就波及全群。本病可通过上一代种鸡场进行垂直传播，也可水平传播，粪便中常带有病毒，可加快了水平传播的进程。

1．临床症状

本病侵害2~3周龄的雏鸡时，可见典型神经症状。一般在7~10日龄就可以发病，表现为反应迟钝，肌肉震颤，大多共济失调，部分病鸡出现眼晶状体混浊（图6-15）。死亡率可达50%。侵害成年鸡时，一般无明显症状。产蛋期的鸡可以导致产蛋下降，但过2~3周就可以自然恢复。

2．病理变化

本病剖检常没有明显的病变，仅在脑部有轻微病变。脑膜充血、出血。

图6-15 病鸡眼晶状体混浊

3. 诊断与防治

当有大量的雏鸡发生共济失调时，可以怀疑本病。确诊需要进行组织病理学检查或者对病毒进行分离鉴定。本病尚无有效治疗方法，由于本病仅侵害雏鸡，而种鸡免疫后，可以传给后代8周左右的免疫保护力。因此建议养殖户对本病不免疫。

（八）鸡痘

鸡痘又叫"白喉"，是由鸡痘病毒引起的一种接触性传染病。本病主要是由于与病鸡发生直接接触而感染，也可因为接触污染的饮水、饲料、器具等发生感染，特别要注意鸽子等飞鸟传播本病。本病各种鸡都易感，但雏鸡更敏感，不过一旦感染康复将终生获得免疫力。本病多发于秋冬或早春。该病毒对外界抵抗力很强，日光照射几星期不被杀灭，但1%的火碱5分钟内可杀死。

1. 临床症状

本病潜伏期4~8天，病程3~4周。通常分为以下几种类型。

（1）黏膜型 也称"白喉"，病鸡出现明显的呼吸困难，可在口腔或咽喉部黏膜表面发现黄白色稍微突起的小结节（图6-16），很快发展为一层黄白色干酪样假膜，撕去后将出现红色的出血性溃疡面。

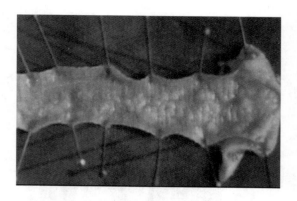

图 6-16　气管黏膜出现黄白色的痘状结节

（2）皮肤型　一般在鸡冠和肉髯红色突起的圆斑，继而变为上皮瘤，灰黄色，瘤上有痂皮覆盖，如果连续发生可出现一大片痂皮（图6-17）。还可见在眼、腿、翅内侧等处发生。

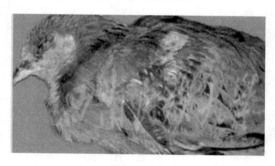

图 6-17　皮肤型鸡痘

（3）混合型　皮肤型和黏膜型都发生。

（4）败血型　很少发生，病鸡下痢、消瘦，而衰竭死亡。

2.诊断与防治

根据发病情况以及症状和病变基本可以诊断。

目前尚无特效治疗药物，主要采取对症疗法。皮肤型鸡痘可以在患病处涂碘酒，白喉型可用镊子夹去，厚的可用2%的硼酸进行洗净，眼部发生的可以用眼药水滴眼。除局部治疗外，还可以选市售的中药方剂进行预防和治疗。

预防的有效措施是进行预防接种，可选用市售的疫苗进行接种，一般是鸡痘鹌鹑化弱毒疫苗，一般在 25~28 日龄首免，60~65 日龄二免。可根据当地流行情况适当增减。

（九）鸡慢性呼吸道病

鸡慢性呼吸道病，是由鸡毒支原体感染引起的传染病，其临床特征为发病缓慢，病程长，病鸡表现为咳嗽，流鼻液，喘气和呼吸啰音，生长鸡生长发育不良，母鸡产蛋率下降。从家禽分离到的支原体有多种，大体可分为病源性和非病源性两类，已确认的病原性的有 3 种。一是引起鸡呼吸道病的鸡毒支原体（MG）；二是引起鸡关节滑膜炎的滑膜支原体（MS）；三是引起鸡气囊炎的支原体（MM）。其中以鸡毒支原体的危害最大。支原体对外界环境条件抵抗力不强，在室温条件下可存活 6 天，在水中很快死亡，鸡粪 20℃温度下可存活 1~3 天，加热至 50℃经 20 分钟可将其杀死；但低温条件下可存活较长时间，如 -30℃条件下可存活 1~2 年。支原体对理化因素的抵抗力较弱，常用的消毒剂均能在很短的时间内其杀死。

1.临床症状

潜伏期为 10~21 天。本病主要发生在 1~2 月龄的生长鸡，病鸡先是鼻孔流出浆液性或黏液性鼻液，打喷嚏，鼻孔周围和颈部羽毛常被沾污。炎症逐渐蔓延至下呼吸道，出现咳嗽，呼吸困难，呼吸有气管啰音，在很远的地方即可听到，夜间听得更清晰。病鸡食欲不振，生长发育缓慢，逐渐消瘦。继之，鼻腔、眶下窦内蓄积大量渗出物，引起眼睑肿胀，眼球凸出。眼球因受压迫而发生萎缩或导致失明，一侧或两侧眼睛可同时受害。

成年鸡的症状与生长鸡基本相似，但较缓和甚至不明显。病鸡食欲不振，体重下降，母鸡产蛋量减少，不愿行走，常呆立不动，病愈康复鸡可获得一定的免疫力，但可长期带菌，产下的鸡蛋也含有支原体，如做种蛋，可成为鸡群中散播本病的传染源。本病常呈慢性经过，病程可长达 1 个月以上。

2.病理变化

剖检可见鼻腔、眶下窦黏膜水肿、充血、出血，窦腔内蓄积有大量黏性或干酪样渗出物。喉头、气管内充有透明或混浊的黏液，黏膜表面有灰白色、珠状的干酪样物，气管黏膜肿胀增厚，肺脏充血、水肿，间有不同程度的肺炎。胸部气囊呈现纤维素性炎，气囊壁增厚、混浊，有黄色泡沫状液体，病程较久者，气囊壁上附着有黄色干酪样渗出物，如炒鸡蛋样。严重的慢性病例，眶下窦黏膜发炎，窦腔内积有混浊黏液或干酪样渗出物，炎症蔓延至眼睛时，可见一侧或两侧眼部肿大（图 6-18），眼球破坏，剥开眼结膜可以挤出黄色的干酪样物质。支原体关节炎病鸡，关节肿大，关节囊滑液膜发炎，切开关节囊时，流出黏稠、混浊、灰白色液体，有时见干酪样物，关节面粗糙不平，或有绒毛样增生物。

图 6-18 病鸡眼肿胀

3.诊断

根据流行病学、临床症状和典型的病理解剖学变化，即可做出确切诊断。

4.防治

（1）预防

① 加强饲养管理。平时应加强饲养管理，供给鸡群全价饲料和充足的清洁饮水，注意鸡舍的通风换气和保暖。

② 加强卫生管理。生产区和鸡舍每天必须进行打扫和清理，保持干净、卫生，定期消毒。

③ 预防性投药。当本地有慢性呼吸道病发生时，对自己的鸡群应立即投给多西环素、泰乐菌素或恩诺沙星等，来杀灭病原体，以防止鸡群感染。

④ 疫苗接种。养鸡场要制定科学的免疫程序，适时接种疫苗。弱毒活苗由 F 株支原体制成，供 1、3、20 日龄的雏鸡点眼接种用，无不良反应，免疫期为 7 个月；油佐剂灭活苗用于 2 月龄的种鸡和蛋鸡及开产前（15~16 周龄）的免疫接种，通过肌内或皮下注射。

（2）治疗 治疗支原体病常用的药物有泰乐菌素、多西环素、泰妙菌素、甲磺酸达氟沙星、左旋氧氟沙星等。无论混饮、混饲或注射均可取得良好效果。或用中药方剂：麻黄、杏仁、石膏、桔梗、黄芩、连翘、金荞麦根、牛蒡子、穿心莲、干草，等量共研细末，混匀拌料，每只按每天 0.5~1g，连续使用 5~6 天，效果良好。

（十）鸡传染性鼻炎

鸡传染性鼻炎病是由鸡嗜血杆菌引起的以流鼻涕、鼻炎、脸肿为主要特征的急性呼吸道病。本菌可感染各年龄段的鸡，老鸡更易感。本菌的抵抗力较弱，对日光和消毒药都敏感，在 45℃时 6 分钟即可杀死该菌。病鸡和隐性带菌鸡是本病的重要传染源，可通过飞沫及尘埃经呼吸道感染，也可以通过污染的器具、饲料等经消化道感染。本病的发生一般是由于鸡的抵抗力降低而诱发的，主要原因有不同年龄段的鸡混群，通风不良，潮湿，寒冷，维生素缺乏，寄生虫侵袭等。

1.临床症状

本病潜伏期 1~3 天，传播迅速，可在很短的时间使全群都发病。本病的发病率虽高，但死亡率不高。本病初期仅表现为鼻腔流稀薄的清液，不容易引起注意。随后出现脸部肿胀、眼结膜肿胀、发炎，鼻清液转变为浆液黏性分泌物。饮水和采食都下降，有的下痢。病鸡常并发呼吸道炎症，主要表现为呼吸困难，伴有啰音，病鸡常摇头想要将呼吸道的黏液排出，严重的病鸡窒息死亡。

2. 病理变化

主要病变为鼻腔和鼻窦黏膜出现急性卡他性炎症，黏膜充血肿胀，窦腔内出现渗出物凝块及干酪样坏死物（图6-19）。脸部及肉髯出现水肿，严重的可见气管炎、气囊炎等。产蛋鸡有侵害卵巢的症状，卵泡变形、坏死，产蛋下降。

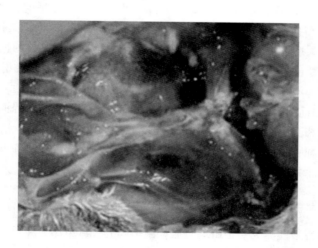

图6-19 病鸡鼻黏膜出血，鼻窦内有大量脓性分泌物

3. 诊断与防治

根据发病多死亡少的流行特点及症状可以初步诊断，进一步确诊需要采集病料进行实验室诊断。本病菌对磺胺药非常敏感，磺胺药是治疗本病的首选药。一般要选取2~3种药物联合使用效果更明显。预防还是要进行科学的饲养管理，减少应激因素的发生，提高鸡群的抵抗力等。

（十一）鸡大肠杆菌病

大肠杆菌病是由大肠杆菌埃希氏菌的某些致病性血清型菌株引起的鸡的局部性或全身性感染性疾病。包括大肠杆菌性败血症、腹膜炎、滑膜炎、脐炎、心包炎、输卵管炎等等。大肠杆菌属于鸡肠道内的常在菌群，是一种条件性致病菌。在管理不善或者发生应激时容易引起此病。大肠杆菌的抵抗力中等，各菌株间可能有差异。常用消毒药在数分钟内即可杀死本菌。在寒冷而干燥的环境中存活较久。各地分离的大肠杆菌菌株对抗药物的敏感性差异较大，且易产生耐药性。本病传播途径经口、消化道或者经蛋传播。

1. 临床症状与病理变化

（1）败血症　雏鸡较易发生，主要表现为精神不振，采食下降，严重的死亡率可达 50%。剖检可见：心包炎，心肌有结节性肉芽肿，有干酪样渗出；肝周炎，肝肿大、坏死；气囊炎，气囊浑浊、增厚（图 6-20）；输卵管炎症。成年鸡发生肿头综合征，产蛋下降，常伴有腹膜炎、眼炎。

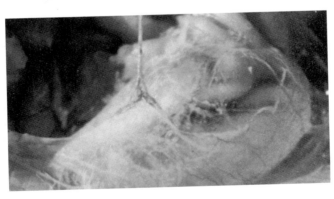

图 6-20　病鸡腹部气囊混浊增厚，有纤维素渗出物

（2）出血性肠炎　正常情况下，本病菌一般寄生在肠道的后段，但当发生应激或者管理不善等因素，病菌就会在肠前段引起疾病。剖

检可见前段肠黏膜出血、增厚。

（3）其他炎症　大肠杆菌根据侵害部位不同，表现炎症也不同，还可引起病鸡跛行或呈伏卧为滑膜炎和关节炎，剖检可见一个或多个腱鞘、关节发生肿大；大肠杆菌还可引起全眼球炎、脑炎。种蛋内的大肠杆菌可引起雏鸡的脐带炎，在鸡2~4日龄就开始死亡，死亡鸡只脐部肿大、发炎，卵黄膜内有干酪样渗出物。

2. 诊断

根据临床症状和病变可以初步诊断，确诊需要进行细菌分离、致病性实验和血清学鉴定。

3. 防治

（1）预防

① 坚持科学的饲养管理。对鸡舍的温度、湿度、密度、光照等要做好环境控制，防止鸡舍忽冷忽热，定时清粪，降低舍内氨气含量，搞好卫生消毒工作，做好鸡舍通风。采用自动饮水器，并定期进行清洗。

② 消除诱发因素。当鸡发生其他疾病如：慢性呼吸道病、呼吸道的病毒病、免疫抑制病等，容易引起鸡群抵抗力降低，引起大肠杆菌病。

③ 疫苗预防。大肠杆菌血清型各种各样，经常变异，并缺乏交叉保护。当发生大肠杆菌病时建议接种当地菌株做的疫苗。

④ 定期投喂微生态制剂。目前市场上微生态制剂的种类很多，效果也较明显，比如可以使用益生菌，能帮助维持肠道内的平衡，使病原菌不能与肠壁受体结合。

（2）治疗　广谱的抗生素对本病有较好的疗效，但是经常使用一种抗生素大肠杆菌容易产生耐药性，会降低治疗效果。最好进行药敏试验，选出最佳的治疗药物。在抗生素的使用过程中，要注意不使用国家规定的禁用药，对可以使用的药物也要注意控制剂量，合理使用。农家土鸡发生该病，建议使用市场上的中药制剂。

（十二）鸡沙门氏菌病

鸡沙门氏菌是由沙门氏菌引起的疾病的总称，临床上表现为败血症和肠炎，是一种人鸡共患病。包括鸡白痢、鸡伤寒、副伤寒。本属细菌对化学消毒剂的抵抗力不强，常用消毒剂就能达到消毒的目的，如聚维酮碘、戊二醛等。病菌对干燥、日光等因素具有抵抗力，在外界条件下可以数周或数月存活。3周龄内的鸡比较易感，该菌对多种抗菌药物敏感，但由于长期滥用抗生素，对常用抗生素耐药现象普遍，不仅影响该病防制效果，而且亦成为公共卫生关注的问题。患病鸡和带菌鸡是本病的主要传染源。病原随粪便、羽毛的皮屑，污染水源和饲料等，主要经消化道感染，也可经呼吸道和眼结膜感染。本病一年四季都可以发生，育雏期多见。由沙门氏菌引起的疾病主要有以下几种。

1. 鸡白痢

鸡白痢是由鸡白痢沙门氏菌所引起的鸡的一种严重的传染病。各种品种的鸡对本病均有易感性，以2~3周的雏鸡更为易感，成年鸡感染呈慢性或隐性经过，近年来，育成阶段的鸡发病也日趋普遍。新发生本病的鸡场，发病率和病死率都比一向存在本病的鸡场高。

（1）临床症状　病菌的潜伏期为4~5天。

① 雏鸡。一般本病呈急性经过，雏鸡多在孵出后4~6天出现明显临诊症状，7~10天后雏鸡群内病雏逐渐增多，在14~21天达到高峰。发病雏鸡呈最急性者，无临诊症状迅速死亡。稍缓者表现精神不振，绒毛松乱，缩颈闭眼，两翼下垂，昏睡，不愿走动，拥挤在一起。病初食欲减少，同时腹泻，排稀薄白色如糨糊状粪便（图6-21），肛门周围绒毛被粪便污染，有的因粪便干结封住肛门，影响排粪。由于肛门周围炎症引起疼痛，故常发生尖锐叫声，最后因呼吸困难及心力衰竭而死。有的病雏出现眼盲或肢关节肿胀，呈跛行临诊症状。20日龄以上的雏鸡病程较长，且极少死亡。耐过鸡生长发育不良，成为慢性患者或带菌者。

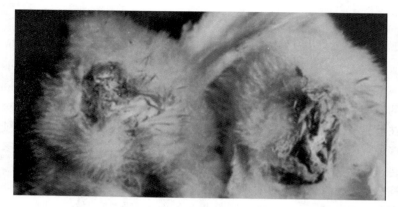

图 6-21　病鸡排白色稀粪，肛门周围被粪便沾污

②成鸡。常无明显的临床症状，呈慢性或隐性经过，可见排黄色或者黄白色粪便，下蛋鸡可见产蛋下降。

（2）病理变化　急性死亡，则病理变化不明显，病程稍长特征病变是在心、肝、肺等内脏器官上可见坏死灶或者坏死结节（图

图 6-22　病鸡心脏变形，
上有灰白色结节

6-22），胆囊肿大。慢性感染的鸡可见卵变形、变色。青年鸡可见肝肿大，有散在或弥漫性的小红点或黄白色大小不一的坏死灶。

（3）诊断与防治　根据临床症状可以初步诊断，进一步诊断需要实验室诊断。国际上暂时没有指定的诊断方法，一般采用凝集试验和病原鉴定。

治疗本病可根据药敏试验选用有效的抗生素，并辅以对症治疗。预防本病应加强饲养管理，消除发病诱因，保持饲料和饮水的清洁、卫生。在曾经发病的鸡场，每年要

定期做平板凝集试验全面检疫，淘汰阳性鸡及可疑鸡。可以采用添加抗生素的饲料添加剂进行预防，但应注意地区性抗药菌株的出现，如发现对某种药物产生抗药性时，应改用另药。关于菌苗免疫，目前一般不使用。但根据本场（群）或当地分离的菌株，制成单价灭活苗，常能收到良好的预防效果。防治本病仍必须严格贯彻消毒、隔离、检疫、药物预防等一系列综合性防制措施。国内不同地区使用"促菌生"或其他活菌剂来预防雏鸡白痢，也获得了较好的效果。应注意的是，"促菌生"制剂是活菌制剂，应避免与抗微生物制剂同时应用。

2.鸡伤寒

鸡伤寒是由鸡伤寒沙门氏菌引起的鸡的肠道败血性疾病。该病常由于饲养管理不善或者卫生条件差引起。常发生在3周龄以上的鸡。该菌与鸡白痢相似。

（1）临床症状 潜伏期4~5天，3周龄以上的鸡急性暴发时，表现为精神委顿，被毛松乱，采食量减少，饮水量增加，排浅绿色粪便，病鸡呈"企鹅"状站立。

（2）病理变化 急性病例无明显的肉眼病变，病程稍长的出现肝脾肿大（图6-23），胆囊扩张，内脏器官有黄白色坏死灶或坏死结节。

图6-23 病鸡肝脏肿大，有灰白色坏死灶

（3）诊断与防治 一般确诊要取病死鸡内脏器官进行细菌培养，进行生化鉴定。采用血清学方法对鸡群进行阳性检测是预防本病的重

要措施，其他方法如鸡白痢。

3.鸡副伤寒

鸡副伤寒是由鸡白痢和鸡伤寒以外的其他沙门氏菌感染的一种传染病，由于该病沙门氏菌的类型比较多，疾病不易控制。主要有鼠伤寒沙门氏菌和肠炎沙门氏菌。常在孵化后两周之内感染发病，6~10天后达到最高峰。呈地方流行性，病死率从很低到10%~20%不等，严重者高达80%以上。

（1）临床症状　经带菌卵感染或出壳雏鸡在孵化器感染病菌，常呈败血症经过，往往不出现任何临诊症状而迅速死亡。雏鸡和鸡白痢症状相似，年龄较大的幼鸡则是亚急性经过，主要表现水泻样下痢，病程约1~4天。1月龄以上幼鸡一般很少死亡。成年鸡一般为慢性带菌者，常不出现临诊症状。有时出现水泻样下痢。

（2）病理变化　急性病例无明显症状，病程稍长可见肝脾充血，有条纹状出血或针尖状坏死，多数病鸡有出血性肠炎，肠内有干酪样坏死（图6-24、图6-25）。成鸡侵害输卵管，卵泡异常，可发生腹膜炎。

（3）诊断与防治　采内脏器官进行分离培养鉴定。防治参考鸡白痢和鸡伤寒。

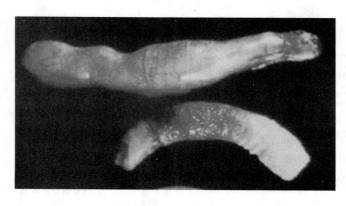

图6-24　病鸡盲肠肿大变粗

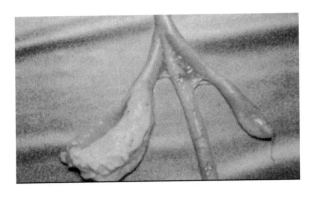

图6-25 病鸡盲肠内有黄色白色干酪样栓子

（十三）鸡霍乱

鸡巴氏杆菌病又叫鸡霍乱，是由鸡多杀性巴氏杆菌引起的鸡的接触性疾病。该菌为革兰氏阴性菌，主要致病血清型为 A 型，对外界抵抗力不强，普通消毒药就有良好的灭菌效果，日光有很强的灭菌效果。一般产蛋鸡群比较容易发生，经常由于应激因素的发生引起。慢性感染的鸡成为重要的污染源，可以通过呼吸道、消化道和眼结膜来感染。粪便中很少含有该菌。

1. 临床症状

自然感染的潜伏期为 2~9 天。

（1）最急性型 常见于流行初期，以产蛋高的鸡最常见。病鸡无前驱症状，晚间一切正常，次日发病死在鸡舍内。

（2）急性型 此型最为常见，病鸡主要表现为精神沉郁，羽毛松乱，缩颈闭眼，头缩在翅下。病鸡体温升高，饮水增加，伴有腹泻，排出黄色、灰白色或绿色的稀粪。鸡冠和肉髯变青紫色，有的病鸡肉髯肿胀。病鸡口、鼻分泌物增加。产蛋鸡产蛋突然下降，下降 40%~70%。

（3）慢性型 多见于流行后期，由急性不死转变而来。可引起慢性呼吸道炎、慢性肺炎和慢性胃肠炎。病鸡鼻孔有黏性分泌物流出，鼻窦肿大。病鸡腹泻，进行性消瘦，精神委顿，冠苍白。有些病鸡一侧或两侧肉髯显著肿大，随后可能有脓性干酪样物质；有的病鸡有关节炎，表现为关节肿大、脚趾麻痹，继而跛行。病程可拖至 1 个月以上，但生长发育和产蛋长期不能恢复。

2. 病理变化

（1）最急性型　死鸡无明显病变。

（2）急性型　特征病变是病鸡的腹膜、肠系膜、黏膜常见有小的出血点，肝肿大，变脆易碎，表面有许多白色针尖大的坏死点（图6-26），肌胃和十二指肠出血，发生出血性肠炎。

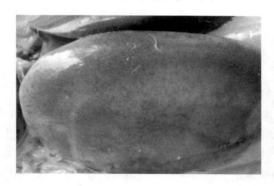

图6-26　肝肿大，变脆易碎，表面有许多白色针尖大的坏死点

（3）慢性型　侵害呼吸道时，可见鼻腔内有黏液，肺硬化；侵害关节时，可见关节肿大、变形，有炎性渗出物或干酪样坏死。侵害卵巢，可见卵巢出血，卵泡变形。

3. 诊断与防治

根据临床症状特征病变可以初步诊断，确诊需要实验室诊断。预防本病，只要鸡场采取全进全出制度，严格执行鸡场卫生防疫制度，预防本病的发生是完全有可能的。

发生本病，可以经过药敏试验，选出该菌敏感的药物进行全群投药，一般可以取得良好的治疗效果。使用微生态制剂，对预防本病有一定的积极作用，一般不采用疫苗免疫。如果鸡场本病流行严重，可以取自己鸡场的病料，进行细菌培养，制作出自家鸡场的灭活苗，对鸡群进行注射可以取得满意的预防效果。

三、鸡的寄生虫病

（一）鸡球虫病

鸡球虫病是由于球虫寄生引起的以出血性肠炎为主要特征的鸡的寄生虫病，本病对养鸡业危害很大，特别是土鸡，发病可引起30%~50%的死亡。本病主要是由于鸡食入了含有球虫孢子的卵囊而感染，仅通过消化道感染。病鸡和携虫鸡是本病的传染源，该虫可以通过污染的器具、饮水、饲料及饲养员等中间媒介进行传染。

1. 临床症状

感染本病最重要的特征是：病鸡排带血样粪便。寄生虫感染的症状表现为：初期精神委顿，采食减少，饮水增加，被毛蓬乱，间歇性下痢。后期逐渐消瘦，贫血，发育迟缓，成鸡产蛋下降。多数鸡于发病后6~10天死亡，3月龄内的鸡死亡率50%，3月龄以上的病鸡多数转为慢性型。

2. 病理变化

球虫主要侵害盲肠，剖检可见盲肠肿大，肠内充满暗红色血液（图6-27），盲肠上皮变厚，严重的肠内有干酪样坏死物，肠膜糜烂。

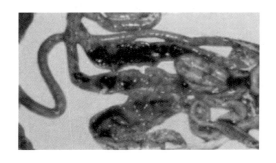

图6-27 病鸡肠内出血

3.诊断与防治

根据流行病学与临床症状可初步诊断，从粪便中检查出球虫卵可以确诊。可使用抗球虫药，如：磺胺氯吡嗪钠、地克珠利等，但要注意两种不同的药物交叉使用。在土鸡的饲养过程中，可根据本场是否发生球虫病的实际情况，定期使用抗球虫药物。还可以使用促进肠道黏膜修复的药物，如：维生素。也可以同时使用抗生素类药物消炎，防止继发感染。预防本病市场上有疫苗使用，但在未流行区不提倡使用。

（二）鸡蛔虫病

鸡蛔虫病是由禽蛔属的鸡蛔虫寄生于鸡的小肠引起的一种寄生虫病。鸡蛔虫是鸡消化道中最大的一种线虫。雌虫较雄虫粗大，虫卵呈椭圆形，呈深灰色，壳厚而光滑。雌虫在小肠内产卵，卵随粪便排出体外，污染地面、饲料和饮水。健康鸡主要是吞食了被感染性虫卵污染的饲料和饮水而感染。本病的发生以秋季和初冬为多，春季和夏季则较少。

（1）临床症状　雏鸡表现生长发育缓慢，精神不佳，行动迟缓，双翅下垂，羽毛松乱，呆立不动，鸡冠、肉髯、眼结膜苍白、贫血；消化机能障碍，食欲减退，下痢和便秘交替，有时粪中带有血液，有时还可见随粪便排出的虫体（图6-28），逐渐衰竭而死亡，成年鸡为轻度感染，不表现症状；感染强度较大时，表现为下痢，产蛋率下降和贫血等。

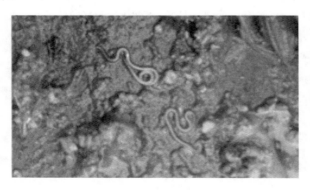

图6-28　鸡粪便中有蛔虫

（2）诊断 根据流行病学、临床症状，一般很难做出诊断。为此，必须进行粪便检查和尸体剖检。粪便中发现大量蛔虫卵，剖检时发现大量虫体时，才能做出确切诊断。

（3）防治 预防本病注意做好以下几点：① 同一鸡舍内不得同时饲养雏鸡和成鸡，不同周龄的鸡必须分舍饲养，并且使用各自的运动场，以防止蛔虫病的传播。② 鸡舍和运动场应每天清扫、更换垫料，料槽和饮水器每隔1~2周应以开水进行消毒1次。③ 在蛔虫病流行的鸡场，每年应进行2~3次定期的预防性驱虫。雏鸡到2月龄时进行第一次驱虫，以后每4个月驱虫1次。

发现本病时可用阿苯达唑、芬苯达唑、左旋咪唑、伊维菌素、阿维菌素等驱虫，使用时按说明或遵兽医处方。

（三）鸡螨

鸡螨是由不同属的螨虫寄生于鸡的皮肤、羽管和气囊等部位引起的寄生虫病。鸡螨的病原体主要为突变膝螨、鸡皮刺螨、羽管螨、鸡新棒恙螨。

1.临床表现和病理变化

鸡螨虫病的临床表现，因螨虫的种类不同其临床表现亦不相同。由突变膝螨引起的螨虫病，严重寄生时会影响鸡的运动、采食和产蛋。由鸡皮刺螨引起的螨虫病，则表现为鸡群不能正常休息，骚动不安，低声鸣叫，鸡体贫血，消瘦，不停地梳理羽毛，产蛋鸡的产蛋率下降，幼龄鸡生长发育迟缓，或可因失血过多而发生死亡；该螨虫还可传播禽霍乱和螺旋体病。由鸡新棒恙螨引起的螨虫病，由于幼螨的叮咬，鸡体患部隆起、奇痒，中间凹陷形成痘脐形病灶，病灶中央可见一小红点，用镊子夹取镜检，可见鸡新棒恙螨幼虫，大量寄生时，可见两翅内侧、胸肌两侧和腿的内侧皮肤上布满此种病灶；病鸡贫血消瘦，羽毛松乱，精神沉郁，食欲减退或停食，如不及时进行治疗，可发生死亡。由羽管螨引起的螨虫病，表现为背部、双翅、臀部及腹部等处的羽毛变脆、脱落（图6-29），变得稀疏，剩下的羽管残干中含有粉末状的物质，镜检可发现大量的羽管螨。

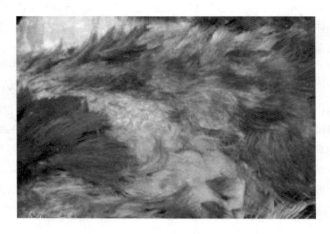

图 6-29　病鸡羽毛脱落

2.诊断

根据流行病学、临床症状，一般可做出初步诊断，做出确切诊断必须进行显微镜检查。

3.防治

平时对鸡舍和运动场应每天清扫、更换垫料，清除积水，始终保持养鸡环境的清洁、干燥。在养鸡场、鸡舍和运动场应定期（每隔6~7天）用杀虫剂，如精制敌百虫、二嗪农、溴氰菊酯等喷洒，以杀灭各种螨。鸡皮刺螨和鸡新棒恙螨感染时，可用 0.25% 的敌敌畏溶液、溴氰菊酯等杀虫剂带鸡喷雾。施行喷雾必须彻底，对鸡体、垫料、鸡巢、墙壁、栖架等都要喷到，不留死角，尤其要注意鸡体皮肤必须喷湿，否则效果不理想；突变膝螨感染时，应先将病鸡的趾浸入温肥皂水中，使痂皮软化后，除去痂皮，涂上 20% 的硫黄软膏或 2% 的苯酚软膏，间隔 2 天再涂 1 次。用伊维菌素（虫获灭）注射液按每千克体重 0.1mg，进行颈部皮下注射，一次即可治愈各种螨虫引起的螨虫病，必要的情况下，7 天后可再注射 1 次。

四、其他疾病

（一）食盐不足或食盐中毒

鸡对食盐敏感，尤其是幼鸡。鸡对其的需要量占饲料的 0.25%~0.5%。

1. 食盐不足

（1）临床症状 鸡只食欲减退，自啄和互啄羽毛，羽毛散乱，失去金属样光泽。严重者两翅主羽全部啄光，露出皮肤。

（2）诊断 对鸡饲料中食盐进行测定，如食盐含量不足，即可确定。

（3）防治 平时在日粮中要加入适量的食盐。当确诊为食盐含量不足时，在饲料中添加 0.3% 左右的食盐，10 天以后，鸡只食欲明显增强，体表羽毛恢复原来光泽。

2. 食盐中毒

（1）临床表现 病鸡的临床表现为燥渴而大量饮水并伴有惊慌不安的尖叫；口鼻内有大量的黏液流出，嗉囊软肿，拉水样稀粪；运动失调，时而转圈，时而倒地，步态不稳，呼吸困难，虚脱，抽搐，痉挛，昏睡而死亡。

（2）病理变化 剖检可见皮下组织水肿，食道、嗉囊、胃肠黏膜充血或出血，腺胃表面形成伪膜；血黏稠、凝固不良；肝脏肿大，肾变硬，色淡。病程较长者，还可见肺水肿，腹腔和心包囊中有积水，心脏有针尖出血点（图 6-30）。

（3）预防 严格控制饲料中食盐的含量，尤其是对幼鸡。一方面严格检测饲料原料中鱼粉或其副产品的盐分含量；另一方面在配料时所加食盐也要求粉细，混合要均匀。平时要保证充足的新鲜洁净饮用水。

（4）治疗 发现中毒后立即停喂原有饲料，换无盐或低盐分、易消化的饲料至康复；供给病鸡 5% 的葡萄糖或红糖水以利尿解毒，病情严重者另加 0.3%~0.5% 的醋酸钾溶液饮水，可逐只灌服。中毒早期服用植物油缓泻可减轻症状。

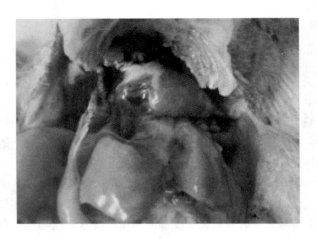

图 6-30　病鸡肝肿大，心脏有针尖状出血点

（二）有机磷农药中毒

有机磷农药是使用最广泛的高效杀虫剂，常用的有敌敌畏、敌百虫等，这类农药对鸡有很强的毒害作用，稍有不慎即可发生中毒。此外，残留于农作物上的少量有机磷对鸡也有毒害作用。

1. 发病原因

由于对农药管理或使用不当，致使家禽中毒。如用有机磷农药在鸡舍杀灭蚊、蝇或投放毒鼠药饵，被鸡吸入；饮水或饲料被农药污染；防治鸡寄生虫时药物使用不当；其他意外事故等。

2. 临床症状

最急性中毒往往不见任何症状而突然发病死亡。急性病例可见不食、流涎、流泪、瞳孔缩小、肌肉震颤、无力、共济失调、呼吸困难、鸡冠与肉垂发绀，腹泻；后期病鸡出现昏迷，体温下降，常卧地不起衰竭而死。

3. 病理变化

由消化道食入者常呈急性经过，消化道内容物有一种特殊的蒜臭味，胃肠黏膜充血、肿胀、易脱落。肺充血、水肿，肝、脾脏肿大，肾脏肿胀，被膜易剥离。心脏点状出血，皮下、肌肉有出血点，病程长者有坏死性肠炎。

4. 诊断

根据病史，有与农药接触或误食被农药污染的饲料等情况。发病鸡口流涎量多而且症状明显，瞳孔明显缩小，肌肉震颤痉挛等。

5. 治疗

发现中毒病例，消除病因，采取对症疗法。

（1）灌服白糖水　取白糖先用少量热开水搅拌溶化，再加开水配成20%的白糖溶液。对中毒轻的鸡每只灌服50mL，雏鸡用量酌减，每隔1小时灌服1次，一般灌服2~3次。将病鸡单独关养，并配以清洁饮水，辅喂软饲料、青菜叶，治愈率可达90%。

（2）灌服油菜籽水　取油菜籽少许，加水适量，放入锅内煎煮，用纱布过滤取液。中毒严重的鸡每只灌服2~3汤匙，中毒较轻的鸡每只灌服1汤匙即可。

（3）灌服麻油　将有机磷农药中毒的鸡每只灌服麻油3~5mL，20~30分钟即可见效。

（4）灌服甘草汁　甘草加水150g煎汁，与滑石粉10g混匀，供20只鸡灌服，解毒效果明显。

（5）切嗉囊冲洗　重度中毒鸡，可将嗉囊外部鸡毛拔掉消毒，用刀片把皮肤切开，露出嗉囊，切开皮肤后再把嗉囊切开（长度视内容物多少而定），把内容物取出，用0.1%的高锰酸钾溶液或食盐凉开水把嗉囊冲洗干净，填入少量易消化的饲料，然后用消过毒的针线分别把嗉囊和皮肤缝合，在缝合处撒上消炎粉。手术后12小时内禁喂饲料和饮水，1~2天内喂容易消化的饲料，并控制喂量，5~7天即可痊愈。

（三）啄癖

啄癖也叫异食癖、恶食癖、互啄癖，是啄羽癖、啄肉癖、啄肛癖、啄蛋癖、异食癖的总称，是指不同日龄不同品种的鸡在缺乏某种营养物质或者机体代谢发生障碍时，发生的味觉异常综合征，是放养土鸡最容易发生的疾病。

1. 发病原因

（1）鸡的品种习性　啄是鸡的本性，不同品种的鸡发生啄癖的几率不同，土鸡更容易发生。当鸡只早熟的时候也容易发生。

（2）饲料营养因素　营养因素是引起鸡发生啄癖的主要原因，饲料配方不合理或者操作时配合不当，土鸡补料不足，饲料营养比例失调特别是钙磷比例，或者饲料中缺乏必需的氨基酸、维生素、微量元素特别是硫缺乏、矿物质、食盐等。

（3）饲养管理不当　主要存在鸡舍温度过高或者湿度过大、通风不良，光照太强，饲养面积较小，鸡只过于拥挤或者密度大，鸡只缺乏足够的运动场，料位和水位不足，或者水槽料槽摆放不合理，日粮供应不足或者补饲时间不规律。

（4）发生其他疾病　当发生寄生虫病时，如球虫或者体外寄生虫，鸡只可发生啄羽、啄肛；引起鸡只下痢的疾病和影响营养吸收的病变也容易引起啄癖。如：大肠杆菌病、慢性肠炎等。

（5）其他诱发因素　鸡天生对红色比较敏感，当鸡只发生机械性损伤、皮肤外伤出血或者母鸡输卵管脱垂等情况时往往诱发啄食癖。

2. 临床症状

根据鸡只互啄的部位不同，可以分为啄羽、啄肛、啄趾、啄蛋。其中以啄肛最为多见，主要表现为互相攻击，造成伤害，当放养土鸡群中出现输卵管脱垂或者泄殖腔炎症时，一旦发生啄癖，很快蔓延全群，全群的鸡都来啄食这只鸡，往往当管理者发现时受伤鸡只已经被啄食完内脏，只留下空壳。当鸡只换羽毛时，若发生啄羽癖，有的鸡只被啄去尾羽、背羽，几乎成为"秃鸡"或被啄得鲜血淋淋。

3. 诊断与防治

根据临床表现即可以确诊。针对发病原因采取相应措施。

（1）断喙　断喙可以有效地防止啄癖的发生。鸡只在10日龄左右断喙一次，断鸡喙断取上1/2，下1/3，在110日龄左右再补断一次。

（2）戴鸡眼罩　鸡眼罩又叫鸡眼镜，是用佩戴在鸡的头部遮挡鸡眼正常平视光线的特殊材料（图6-31）。使鸡不能正常平视，只能斜视和看下方，防止饲养在一起的鸡群相互打架，相互啄毛、啄肛、啄趾、啄蛋等，降低死亡率，提高养殖效益。

图6-31　鸡戴眼罩

采取"热烫"断喙的办法，在小鸡时将鸡的喙尖烫平的做法，虽然解决了鸡啄毛、啄肛、啄趾、啄蛋的情况，但是鸡的喙变成了圆形了，鸡的外观造成了破坏，销售时，客户一眼就可以看出这是"圈养"的鸡，鸡的售价也就低了。

戴上鸡用眼镜之后，就可以解决这些问题。饲养时，戴上这个眼镜，因为这个鸡用眼镜，遮住了鸡正前方的视线，导致鸡无法准确攻击目标，就减少了鸡打斗的情况。对于鸡的饮水和进食，交配没有影响。等到鸡销售时，可以摘下"鸡眼镜"，这样鸡的外观没有任何损伤，售价也就高了。也可以让鸡戴着眼镜出售，这样就出现了一种新型的眼镜鸡，售价相对就可以提高很多。

当土鸡体重达500g以后，就开始佩戴鸡眼镜至上市。把鸡固定好，先用一个牙签或金属细针在鸡的鼻孔里用力扎一下并穿透，如有少量出血，可用酒精棉擦拭。左手抓住鸡眼镜突出部分向上，插件先插入鸡眼镜右孔后对准鸡鼻孔，右手用力穿过鸡鼻孔，最后插入镜片左眼，整个安装过程完毕。

（3）科学配合日粮　在日粮配合的时候，不但应该按照科学配方进行配合，而且还要把操作过程中容易损失的物质，计算进去，特别是一些重要的氨基酸（如赖氨酸等）、维生素和微量元素等。生产实践证明，在日粮中添加10%~20%的这些物质减少啄癖的发生。还可以增加粗纤维并调节好钙磷比例。啄羽癖可能是由于饲料中硫化物和食盐不足引起。可以在饲料中适当补充硫化钙粉或者羽毛粉，在日粮中可加入2%~3%的羽毛粉；可在日粮中短期添加1.5%~2%的食盐，连续3~4天，但不能长期饲喂，避免引起食盐中毒。

（4）定期驱虫　主要是定期驱体内外寄生虫，包括球虫和鸡虱子。

（5）及时挑出被啄食的鸡单独饲养或者淘汰　鸡群一旦发现有被啄食的鸡，应立即将被啄的鸡只挑出单独饲养或淘汰。有外伤、脱肛的鸡应及时隔离饲养和治疗，在被啄伤口上涂上与其毛色一致和有异味的消毒药膏及药液，切忌涂红药水。可以紫药水、磺胺软膏等。

（6）加强饲养管理，搞好养殖环境的控制　饲养管理方面要注意，保持足够的料位、水位，定时定量饲喂，保持正常密度。环境控制方面要保持鸡舍温度、湿度、通风正常、适宜光照等。

参考文献

［1］朱国生，石传林.土鸡饲养技术指南［M］.北京：中国农业大学出版社，
2010.

［2］魏刚才，乔凤杰.果园林地生态养鸡［M］.北京：机械工业出版社，
2014.

［3］周大薇.生态养鸡技术与经营管理［M］.成都：西南交通大学出版社，
2014.

［4］魏清宇，闫益波，李连任.农家生态养土鸡技术［M］.北京：化学工业
出版社，2013.

［5］陈宗刚.果园林地散养土鸡你问我答［M］.北京：机械工业出版社，
2015.

［6］魏刚才，张遂平.高效养土鸡［M］.北京：机械工业出版社，2014.

［7］吉俊玲，张玲.养禽与禽病防治 [M].北京：中国农业出版社，2012.

［8］王利红，张力.养殖场环境控制与污物治理技术 [M].北京：中国农业出
版社，2012.